kosmos Astronomie

kosmos Astronomie

Joachim Herrmann

Das Weltall in Zahlen

Tabellenbuch für Sternfreunde

Kosmos
Gesellschaft der Naturfreunde
Franckh'sche Verlagshandlung
Stuttgart

Mit 2 Grafiken von Sabine R. Herrmann-Ikram, Münster

Umschlaggestaltung: Kaselow-Design, München, unter Verwendung einer Abbildung aus: „The Iconographic Encyclopaedia of Science, Literature and Art, 1851 (basierend auf dem „Bilderatlas" von F. A. Brockhaus).

CIP-Kurztitelaufnahme der Deutschen Bibliothek

Herrmann, Joachim:
Das Weltall in Zahlen : Tabellenbuch für Sternfreunde / Joachim Herrmann. – Stuttgart : Franckh, 1986.
    (Kosmos-Astronomie)
    ISBN 3-440-05680-5
NE: HST

Franckh'sche Verlagshandlung, W. Keller & Co., Stuttgart / 1986
© 1986, Franckh'sche Verlagshandlung, W. Keller & Co., Stuttgart
Printed in Germany / Imprimé en Allemagne
L 10 sk H rr / ISBN 3-440-05680-5
Satz: G. Müller, Heilbronn
Druck und Buchbinder: W. Röck, Weinsberg

DAS WELTALL IN ZAHLEN

VORWORT

Die Astronomie ist eine Wissenschaft der Zahlen. Immer wieder stoßen wir beim Studium von Zeitungs- und Zeitschriftenartikeln und der astronomischen Literatur auf Zahlenangaben. Das vorliegende Werk soll dem Sternfreund in übersichtlicher Form alles für ihn notwendige und wissenswerte Zahlen- und Tatsachenmaterial zusammentragen.

Einen besonderen Teil dieses Bandes stellt eine umfangreiche Liste aller von der geographischen Breite Mitteleuropas aus sichtbaren Sternbilder mit einer Erklärung ihrer Herkunft, der Sternnamen und einer Zusammenstellung zahlreicher Objekte dar, die in kleinen Liebhaberfernrohren bis zu etwa 10 cm Öffnung beobachtet werden können. Wir kommen dabei einem Wunsche vieler Sternfreunde nach, die mit ihrem eigenen Fernrohr nicht nur die üblichen, bekannteren Himmelsobjekte einstellen, sondern auch seltener beschriebene, aber deswegen nicht weniger interessante Doppelsterne, Nebel, Sternhaufen usw. aufsuchen wollen.

Es liegt in der Natur eines solchen Tabellenbuches, daß viele Begriffe an Ort und Stelle meist nicht oder nur sehr kurz erklärt werden können. Häufig wird auch von abkürzenden Symbolen Gebrauch gemacht, damit die Tabellen nicht allzu unübersichtlich werden. Dem Leser wird daher empfohlen, sich den einleitenden Abschnitt über „Astronomische und physikalische Symbole, Abkürzungen und Konstanten" genau anzusehen. Außerdem enthält der Band am Schluß ein Lexikon der wichtigsten Fachausdrücke, die in diesem Tabellenwerk immer wieder auftauchen. Wer einen Begriff daher nicht auf Anhieb verstehen sollte, möge dort einmal nachschlagen.

Dadurch war es möglich, viel interessantes Material für den Sternfreund zusammenzustellen, das er sonst nur schwer oder in vielen Zeitschriften oder Büchern verstreut finden könnte. Zahlen müssen nicht trocken sein. Hinter jeder astronomischen Zahl verbirgt sich ein kleines Wunder des Kosmos, wenn sie richtig gelesen wird. Dazu soll dieses Buch verhelfen.

So hoffen Verlag und Autor, daß dieses Tabellenwerk zu einem echten Hilfsbuch für den Sternfreund werden möge, sowohl bei seiner praktischen Beobachtungsarbeit als auch bei seinem übrigen Studium der Himmelskunde.

Joachim Herrmann

ASTRONOMISCHE UND PHYSIKALISCHE SYMBOLE, ABKÜRZUNGEN UND KONSTANTEN

☉	Sonne	♁	Erde	♅	Uranus
☾	Mond	♂	Mars	♆	Neptun
☿	Merkur	♃	Jupiter	♇	Pluto
♀	Venus	♄	Saturn	☄	Komet
♈	Widder	♌	Löwe	♐	Schütze
♉	Stier	♍	Jungfrau	♑	Steinbock
♊	Zwillinge	♎	Waage	♒	Wassermann
♋	Krebs	♏	Skorpion	♓	Fische

☌	Konjunktion	α, δ	Rektaszension, Deklination
□	Quadratur	a, h	Azimut, Höhe
☍	Opposition	l, b	Länge, Breite
☊	Aufsteigender Knoten	m	scheinbare Helligkeit
☋	Absteigender Knoten	M	absolute Helligkeit
♈	Frühlingspunkt (Widderpunkt)	Sp	Spektrum
ω	Abstand des Perihels vom aufst. Knoten	T	Temperatur
q	kleinster Abstand von der Sonne	PW	Positionswinkel
Q	größter Abstand von der Sonne	π	Parallaxe
☊	Länge des aufsteigenden Knotens	Lj	Lichtjahr
i	Neigung der Bahn	pc, Kpc	Parsec, Kiloparsec
e	Bahnexzentrizität	AE	Astronomische Einheit
a	halbe große Bahnachse	EB (μ)	Eigenbewegung
T	Zeitpunkt des Durchgangs durch das Perihel, Perigäum, Periastron oder dgl.	RG	Radialgeschwindigkeit (+ Abstand vergrößert sich, − Abstand verkleinert sich)
ν	Frequenz		
λ	Wellenlänge	𝔐	Masse eines Sterns
c	Lichtgeschwindigkeit	ρ	Dichte eines Sterns
		𝔑	Radius eines Sterns
		𝔏	Leuchtkraft eines Sterns
		𝔤	Schwerebeschleunigung an Oberfläche
		M☉	Masse Sonne

Bahnelemente (Klammer für ω bis T)

Sonne = 1 (Klammer für 𝔐, ρ, 𝔑, 𝔏, 𝔤)

$517^a 256^d 17^h 39^m 13^s 789$ bedeutet:
517 Jahre, 256 Tage, 17 Stunden,
39 Minuten, 13.789 Sekunden

> größer als, < kleiner als (vor Zahlenangaben)

1 Parsec (pc): (Die Entfernung, von der aus die halbe große Achse der Erdbahn unter einem Winkel von 1" erscheint) 1 pc = 30.857 Billionen km = 206 265 AE = 3.262 Lj.

1 Lichtjahr (Lj): (Die Strecke, die ein Lichtstrahl in 1 Jahr zurücklegt) 1 Lj = 9.4606 Billionen km = 63 240 AE.

1 Astronomische Einheit (AE): (Mittlere Entfernung Erde – Sonne) 1 AE = 149 597 870 km.

Lichtgeschwindigkeit: 299 792,5 km/s (im Vakuum).

Druck: Pascal (Pa) = N/m² · 100 Pa = 1 mbar

Energie: Erg (erg); 1 erg = 10^{-7} J

(Im Gegensatz zu den Radiowellen, deren Wellenlänge nach Metern oder Zentimetern gemessen wird, ist es üblich, die kurzwelligeren Strahlungen in nm (Nanometer), in µm (Mikrometer) oder in Å (Ångström) anzugeben.

Mikrometer (µm): 1 µm = 10^{-6} m

Ångström (Å): 1 Å = 0,1 nm = 10^{-10} m

Nanometer (nm): 1 nm = 10^{-9} m = 10 Å (Das Ångström ist allerdings seit 1978 nicht mehr zulässig).

Gravitationskonstante G im Newtonschen Gravitationsgesetz: $K = G \frac{m_1 \cdot m_2}{r^2}$, wonach die Anziehungskraft K zwischen zwei Körpern dem Produkt der beiden Massen m_1 und m_2 proportional und dem Quadrat des gegenseitigen Abstands r umgekehrt proportional ist.
$G = 6.668 \cdot 10^{-8}$ cm³ · g⁻¹ · s⁻²

Masse eines Elektrons: $9.1071 \cdot 10^{-28}$ g.

Masse eines Wasserstoffatoms: $1.6734 \cdot 10^{-24}$ g.

Radius der Bahn eines Elektrons im Grundniveau (innerste Bahn) eines Wasserstoffatoms:
$0.529134 \cdot 10^{-8}$ cm.

Schiefe der Ekliptik (Neigung des Erdäquators gegen Erdbahnebene): 23° 26' 21", 45 (für 2000)

Dauer einer Atomsekunde (SI-Sekunde): 9 192 631 770 Perioden der dem Übergang zwischen den beiden Hyperfeinstruktur-Niveaus des Grundzustandes von Cäsium 133 entsprechenden Strahlung. Die Atomsekunde ist Grundlage der „dynamischen Zeit" (TD), die ab 1984 in den astronomischen Jahrbüchern für die Ephemeriden von Sonne, Mond und Planeten benutzt wird.

Zeitdefinitionen: UT (Universal Time), Weltzeit, Ortszeit des Nullmeridians (Sternwarte Greenwich). UT 1 Weltzeit, korrigiert um die Bewegungen der Erdpole. UT 2 Weltzeit, zusätzlich korrigiert um jahreszeitliche Schwankungen. UTC koordinierte Weltzeit (Rundfunk-, Fernsehzeit usw.) darf maximal $0,7^s$ von UT 1 abweichen; sonst Einführung einer positiven oder negativen Schaltsekunde am 30. 6. und/ oder 31.12.

Temperaturen: werden häufig in Kelvin (K) angegeben. Die Kelvinskala zählt vom absoluten Nullpunkt bei −273,15 °C an. Es ist also 273,15 K = 0 °C.

Griechisches Alphabet

A, α	Alpha	H, η	Eta	N, ν	Ny	T, τ	Tau
B, β	Beta	Θ, ϑ	Theta	Ξ, ξ	Xi	Y, υ	Ypsilon
Γ, γ	Gamma	I, ι	Iota	O, o	Omikron	Φ, φ	Phi
Δ, δ	Delta	K, ϰ	Kappa	Π, π	Pi	X, χ	Chi
E, ε	Epsilon	Λ, λ	Lambda	P, ρ	Rho	Ψ, ψ	Psi
Z, ζ	Zeta	M, µ	My	Σ, σ	Sigma	Ω, ω	Omega

DIE ERDE

Erddimensionen (Internationales Erdellipsoid)

Äquatorradius	6378.388 km	Abplattung	1 : 297.00
Polarradius	6356.912 km	Erdoberfläche	5101009 km^2
Mittlerer Radius	6371.22 km	Rauminhalt	1083319780000 km^3
Erdmasse	5.97 · 10^{27} g	Meridianquadrant	10002.288 km
Mittlere Dichte	5.51 g/cm^3	Äquatorquadrant	10019.148 km

Einteilung der Erdoberfläche

Fläche der Festländer   148000000 km^2 (= 29% der Gesamtoberfläche)
Fläche der Meere   363000000 km^2 (= 71% der Gesamtoberfläche)

Mittlere Höhe der Festländer	825 m	Mittlere Tiefe der Meere	3770 m
Größte Höhe über dem Meer	8882 m	Größte Meerestiefe	11340 m

Schwerebeschleunigung an der Erdoberfläche im Meeresniveau

Infolge der Abplattung des Erdkörpers nimmt die Schwerebeschleunigung vom Äquator zu den Polen zu. Sie beträgt für 45° geographische Breite 980.629 cm/s^2 oder Gal. Das bedeutet: Die Geschwindigkeit eines frei fallenden Körpers nimmt in jeder Sekunde um fast 10 m/s zu.

Entsprechende Länge (in km) eines Breiten- bzw. Längengrades auf der Erde

1° in geographischer Breite entspricht 111.133 − 0.562 cos 2 φ km
1° in geographischer Länge entspricht 111.414 cos φ − 0.094 cos 3 φ km
φ = geographische Breite

Rotation

Sterntag
(Zeitspanne zwischen zwei Durchgängen des Frühlingspunktes durch den Meridian), ausgedrückt in mittlerer Sonnenzeit: 23^{h}56^{m}04.091^s
Mittlerer Sonnentag
(Zeitspanne zwischen zwei Durchgängen der mittleren Sonne durch den Meridian), ausgedrückt in Sternzeit: 24^{h}03^{m}56.555^s
Rotationsgeschwindigkeit für einen Ort am Äquator: 465.11 m/s
Zentrifugalbeschleunigung am Äquator: 3.39 cm/s^2

Veränderungen der Rotationszeit der Erde

Verlängerung der Tageslänge infolge Gezeitenreibung: 0.0016^s in 100 Jahren.
Fluktuationen (unregelmäßige Schwankungen der Erdrotation) führen durch Aufsummierung über mehrere Jahrzehnte hinweg zu beträchtlichen Abweichungen der nur an Hand der Erdrotation überprüften astronomischen Uhren gegenüber einem gleichförmigen Zeitmaß (wie UT 1 oder UT 2) von mehreren Sekunden.

Jahreszeitliche Schwankungen der Erdrotation.
Abweichungen der Tageslänge vom Jahresmittelwert maximal im März $+0^s.0010$, August $-0^s.0011$.

Bahnverhältnisse

Tropisches Jahr: Zeitspanne zwischen zwei Durchgängen der mittleren Sonne durch den Frühlingspunkt	365.242 199 Tage
Siderisches Jahr: Zeitspanne zwischen zwei Vorübergängen der mittleren Sonne an einem Fixstern	365.256 366 Tage
Anomalistisches Jahr: Zeitspanne zwischen zwei Durchgängen der Erde durch das Perihel ihrer Bahn	365.259 626 Tage
Julianisches Jahr:	365.25 Tage
Durchschnittliche Länge des Jahres im Gregorianischen Kalender:	365.242 5 Tage
Mittlere Bahngeschwindigkeit der Erde um die Sonne:	29.77 km/s

Weitere wichtige Zahlenangaben

Platonisches Jahr, Präzessionsperiode: 25 725   Jahre
(Umschwung der Erdachse um die Senkrechte
auf der Erdbahnebene)

Polschwankungen:
Es überlagern sich zwei periodische Schwankungen, die auf ein geringfügiges Wandern der beiden
Erdpole auf der Erdoberfläche zurückzuführen sind

a) Periode 415–433^d, Amplitude max. $0''.36$ (≈ 10 m), Chandlersche Periode
b) Periode 365^d,   Amplitude max. $0''.18$ ($\approx\ 5$ m)
c) Unregelmäßige und langfristige Schwankungen.

Die Atmosphäre der Erde

Standard-Luftdruck: (Normaldruck in Meereshöhe)	1013.246	Hektopascal
Luftdichte:	0.0012928	g/cm^3
Gesamtmasse der Erdatmosphäre:	$5.30 \cdot 10^{21}$	g
Stockwerk-Gliederung der Erdatmosphäre:		
Troposphäre	0 bis 7 (17)	km Höhe
Stratosphäre	7 (17) bis 50 km	
Mesosphäre	50 bis 80 km	
Ionosphäre (Thermosphäre)	80 bis 500 km	
Exosphäre	über 500 km	

Temperaturabnahme und Druckabnahme mit der Höhe

Höhe in km	Temperatur °C	Druck (Hektopascal)
0	15	1013
10 (Tropopause)	−55	264
50 (Stratopause)	0	0.97
80	−70	0.014
200	~ 420	10^{-6}
350	~1000	10^{-8}
1000	~1200	10^{-11}

Mittlere Temperaturabnahme in der Troposphäre: 0.65° je 100 m

Mittlere Zusammensetzung der trockenen Luft an der Erdoberfläche

Gas	Gewichts-prozent	Volumen-prozent	Gas	Gewichts-prozent	Volumen-prozent
Stickstoff	75.53	78.09	Methan	0.000084	0.000152
Sauerstoff	23.14	20.95	Krypton	0.0003	0.0001
Argon	1.28	0.93	Stickoxid	0.00008	0.00005
Kohlendioxid	0.045	0.030	Wasserstoff	0.000003	0.00005
Kohlenmonoxid	0.00001	0.00001	Ozon	0.00007	0.00004
Neon	0.0012	0.0018	Xenon	0.00004	0.000008
Helium	0.000073	0.00053	Radon	Spuren	Spuren

Wasserdampf   1.0 bis 0.1

Refraktionstafel

Mittlere Strahlenbrechung R für 1013 Hektopascal Luftdruck und +10 °C Temperatur
z = Zenitdistanz, h = Höhe, R = Refraktion

Scheinbare			Scheinbare			Scheinbare		
z	h	R	z	h	R	z	h	R
0°	90°	0'00"	70°	20°	2'39"	86°30'	3°30'	12'56"
10°	80°	0'10"	75°	15°	3'34"	87°00'	3°00'	14'22"
20°	70°	0'21"	80°	10°	5'19"	87°30'	2°30'	16'09"
30°	60°	0'34"	81°	9°	5'52"	88°00'	2°00'	18'18"
40°	50°	0'49"	82°	8°	6'33"	88°30'	1°30'	21'05"
50°	40°	1'09"	83°	7°	7'24"	89°00'	1°00'	24'37"
55°	35°	1'23"	84°	6°	8'28"	89°20'	0°40'	27'36"
60°	30°	1'41"	85°	5°	9'52"	89°40'	0°20'	31'09"
65°	25°	2'04"	86°	4°	11'45"	90°00'	0°00'	35'24"

Extinktionstafel

Mittlere Extinktion E für 100 m Meereshöhe

Zenitdistanz	E	Zenitdistanz	E	Zenitdistanz	E
20°	$0^{m}01$	65°	$0^{m}32$	83°	$1^{m}32$
30°	$0^{m}03$	70°	$0^{m}45$	84°	$1^{m}49$
40°	$0^{m}06$	75°	$0^{m}65$	85°	$1^{m}72$
50°	$0^{m}12$	80°	$0^{m}98$	86°	$2^{m}04$
55°	$0^{m}17$	81°	$1^{m}07$	87°	$2^{m}48$
60°	$0^{m}23$	82°	$1^{m}18$	88°	$3^{m}10$

Die Absorption der Wellenstrahlung in der irdischen Atmosphäre

Die Wellenstrahlung der Sonne und anderer Gestirne wird weitgehend in der irdischen Atmosphäre absorbiert. Nur zwei „Fenster", zwei Wellenbereiche, stehen für eine Beobachtung von der Erdoberfläche aus zur Verfügung: Der optische Bereich zwischen etwa 400 und 800 nm Wellenlänge und der Radiobereich zwischen etwa 1 cm und 15 m Wellenlänge.

Das Schaubild gibt den ungefähren Verlauf der Eindringtiefe senkrecht in die irdische Lufthülle einfallender Strahlung für die einzelnen Wellenlängenbereiche wieder.

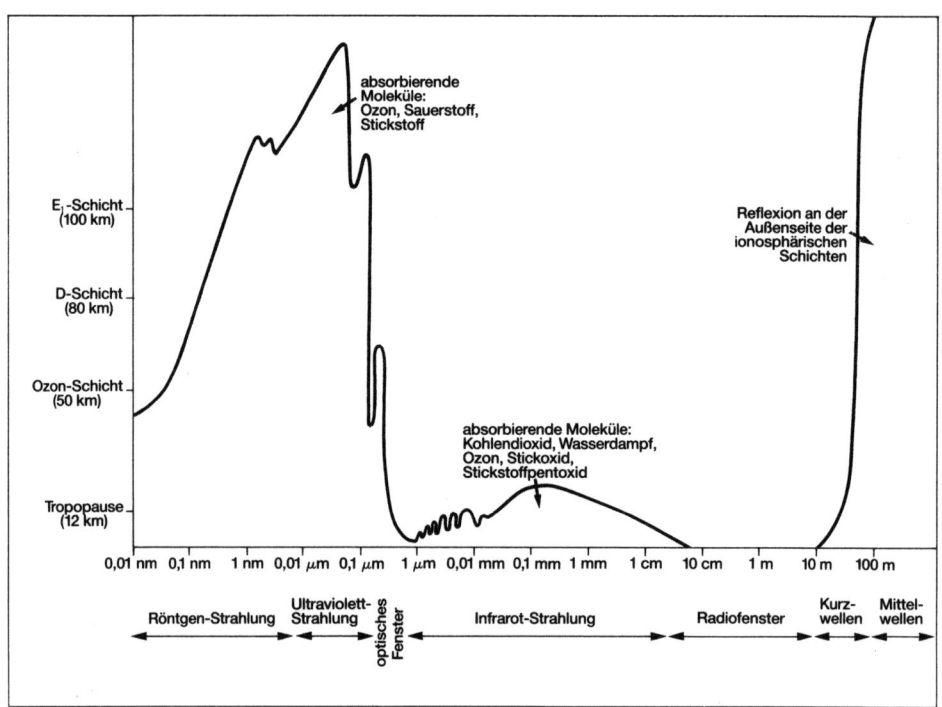

Die Ionosphäre

Durch die Absorption der Röntgenstrahlung und Ultraviolettstrahlung der Sonne werden in den oberen Bereichen der Erdatmosphäre elektrisch leitende Schichten erzeugt, die man unter der Sammelbezeichnung Ionosphäre zusammenfaßt. Sie sind vor allem für die Ausbreitung der Funkwellen (besonders der Kurzwellen) auf der Erdkugel verantwortlich. Im einzelnen unterscheidet man folgende Schichten:

Bezeichnung der Schicht	Höhe in km	Elektronenzahl pro cm^3	Spektral-bereich / nm	Die Schicht ist verantwortlich für Ausbreitung der
D-Schicht	80	300 ?	91 – 101	Langwellen
E$_1$-Schicht	100	$1.34 \cdot 10^5$	66 – 74	Mittelwellen
E$_2$-Schicht	150		75 – 79	Mittel- und Kurzwellen
F$_1$-Schicht	200	$2.40 \cdot 10^5$	79 – 91	Kurzwellen
F$_2$-Schicht	250	$5.9 \cdot 10^5$		

Die Zahl der Elektronen pro cm^3 gilt für senkrechten Sonnenstand und für eine Sonnenfleckentätigkeit = 0. Die Elektronenzahl nimmt mit steigender Fleckentätigkeit zu. Unter der Spalte „Spektralbereich" findet sich der Wellenlängenbereich der Sonnenstrahlung, welche die betreffende Schicht erzeugt.

Nachthimmelleuchten und Polarlicht

Mittlere Gesamthelligkeit des Nachthimmels im Zenit,
visuell 400 Sterne 10^m } pro
photographisch 200 Sterne 10^m } Quadratgrad

Mittlere Gesamthelligkeit des Nachthimmels in 15° Höhe,
visuell 700 Sterne 10^m } pro
photographisch 300 Sterne 10^m } Quadratgrad

Maximum der Polarlichthäufigkeit: 100 km Höhe
Extremwerte: 65 bzw. 1000 km Höhe

Zone der maximalen Häufigkeit von Polarlichtern auf 68° geomagnetischer Breite

Die wichtigsten Spektrallinien des Polarlichts

Wellenlänge / nm	Element
630/636 rote Nordlichtlinien	neutraler Sauerstoff
557 grüne Nordlichtlinie	neutraler Sauerstoff

Erdmagnetismus

Lage der irdischen Magnetpole: Nordpol $\varphi = +79°$ $\lambda = 70°$ w. Gr.
(für 1965) Südpol $\varphi = -79°$ $\lambda = 110°$ ö. Gr.

Horizontalintensität des Magnetfeldes am geomagnetischen Äquator 0.32 Gauß
Vertikalintensität des Magnetfeldes am geomagnetischen Nordpol 0.62 Gauß
Vertikalintensität des Magnetfeldes am geomagnetischen Südpol 0.70 Gauß

Der van Allensche Strahlungsgürtel um die Erde

Gürtel I: Höhe   1 000 bis   6 000 km
Gürtel II: Höhe 15 000 bis 25 000 km

Durch das Magnetfeld der Erde werden Teilchen der kosmischen Strahlung und des Sonnenwinds, die vor allem aus raschbeweglichen Wasserstoffatomkernen und Elektronen bestehen, in diesen Gürteln gefangen und gespeichert und pendeln zwischen den beiden Magnetpolen der Erde hin und her. Die Gürtel wurden von dem Physiker van Allen im Jahre 1958 aus Messungen der künstlichen Erdsatelliten entdeckt.

DIE SONNE

Dimensionen

Radius	696 000 km	oder	109
Oberfläche	$6.09 \cdot 10^{12}$ km²		11 918
Rauminhalt	$1.41 \cdot 10^{18}$ km³		1 301 000
Masse	$1.99 \cdot 10^{33}$ g		332 270
Dichte	1.410 g/cm³		0.255
Schwerebeschleunigung			27.941

bezogen auf Erde = 1

Räumliche Stellung zur Erde

Mittlere Entfernung	149 597 870 km
Entfernung im Perihel	147 100 000 km
Entfernung im Aphel	152 100 000 km
Scheinbarer Halbmesser der Sonne im Perihel	16'17".82
im Aphel	15'45".67
Mittlere Äquatorial-Horizontal-Parallaxe (scheinbarer Radius der Erde, von der Sonne aus gesehen)	8".794
In der mittleren Entfernung entspricht 1' auf der Sonne	43 520 km
1" auf der Sonne	725.3 km

Die Sonne als Stern

Gesamtausstrahlung	$3.8 \cdot 10^{23}$ KW
Strahlung pro Flächeneinheit	$6.3 \cdot 10^{4}$ KW/m²
Gesamte auf den Erdquerschnitt fallende Strahlung	$1.7 \cdot 10^{14}$ KW
Solarkonstante (außerhalb Erdatmosphäre)	1368 W/m²
Effektive Temperatur an der Sonnenoberfläche	6050 K = 5 777 °C
Scheinbare Gesamthelligkeit der Sonne, visuell	$-26^{m}86$
photographisch	$-26^{m}41$
bolometrisch	$-26^{m}95$
Absolute Gesamthelligkeit der Sonne, visuell	$4^{m}71$
photographisch	$5^{m}16$
bolometrisch	$4^{m}62$
Farbenindex (photographische minus visuelle Helligkeit)	$+ 0^{m}45$

Spektraltyp G1, Leuchtkraftklasse V im MKK-System (s. S. 49)
Geschwindigkeit der Sonne relativ zu ihren Nachbarsternen 19.4 km/s
Lage des Sonnenapex $\alpha = 18^{h}00^{m}$ $\delta = +30°$ (im Sternbild Herkules)

Stärke des allgemeinen Magnetfeldes im Sonnenfleckenminimum
(polares Feld) 1–2 Gauß

Energieerzeugung der Sonne

Bei der hohen Temperatur im Kern der Sonne wird Wasserstoff zu Helium verwandelt. 4 Wasserstoffatomkerne lagern sich zu 1 Heliumatomkern zusammen. Der Aufbau geht in mehreren Schritten vor sich. Da das Atomgewicht von Wasserstoff 1.008, das von Helium aber nur 4.004 beträgt, werden bei dem Aufbau 0.028 Atomgewichtseinheiten in Energie verwandelt.

Massenverlust der Sonne wegen Energieerzeugung 4 Millionen t/s

Alter der Sonne	ca. 4,6 Milliarden Jahre
Gesamte Verweilzeit der Sonne im gegenwärtigen Stadium	ca. 8 Milliarden Jahre
Gesamte Lebenserwartung der Sonne	über 10 Milliarden Jahre

Innerer Aufbau der Sonne

Der Abstand vom Sonnenmittelpunkt ist in Einheiten des Sonnenradius angegeben.

Abstand vom Mittelpunkt	Temperatur in Millionen K	Dichte in g/cm^3	Druck in 10^{12} Pascal
0.00	15.5	160	22 100
0.10	13.0	89	13 500
0.20	9.5	41	4 590
0.30	6.7	13.3	1 160
0.40	4.8	3.6	267
0.50	3.4	1.0	61
0.60	2.2	0.35	14
0.70	1.2	0.08	3
0.80	0.7	0.018	0.6
0.90	0.31	0.0020	0.08
1.00	5800	$2 \cdot 10^{-7}$	$0.08 \cdot 10^{-3}$

Rotation der Sonne

Die Rotationszeit der Sonne ist von der heliographischen Breite φ abhängig, also dem Winkelabstand eines Punktes vom Sonnenäquator. Sie beträgt am Äquator 24,6 Tage und wächst bis in die Umgebung der Pole auf 34 Tage an.

Siderische Rotationszeit (auf den Sternhimmel bezogen)	für $\varphi = 17°$ 25.38^d
Synodische Rotationszeit (von der bewegten Erde aus gesehen)	für $\varphi = 17°$ 27.275^d
	für $\varphi = 12°$ 27.00^d
Neigung des Sonnenäquators zur Ekliptik (Erdbahnebene)	7°15'

Sonnenflecken – Fackeln – Granulation

Die Sonnenflecken gliedern sich in eine dunklere Kernzone (Umbra) und in eine etwas hellere Hofzone (Penumbra).

Effektive Temperatur der Umbra:	4 240 K
Effektive Temperatur der Penumbra:	5 680 K
Helligkeitsverhältnis Umbra: Photosphäre	0.24
Penumbra: Photosphäre	0.77

Lebensdauer einer durchschnittlichen Fleckengruppe: 6 Tage

Mittlere Lebensdauer einer Fleckengruppe in Abhängigkeit von der Fläche:
0.12 Tage x der maximalen Fläche der Gruppe in Millionstel der sichtbaren Hemisphäre der Sonne

Stärkste gemessene magnetische Feldstärke in Fleckengruppen:	5000 Gauß
Temperatur der Fackeln:	ca. 7000 K
Mittlere Lebensdauer:	15 Tage
Durchmesser der Granulationselemente (Granulen):	1.3" = 1000 km
Mittlere Lebensdauer der Granulen:	8 Minuten
Temperaturunterschied zwischen Granulen und Zwischenräumen:	300 K
Geschwindigkeit, mit der die Granulen aufsteigen:	0.4 km/s

Die Sonnenfleckentätigkeit

Definition der Sonnenflecken-Relativzahl als Maß der Sonnenfleckentätigkeit: $R = k \, (10 \, g + f)$;

g ist die Zahl der Fleckengruppen, f die Gesamtzahl der Einzelflecken, k ein Reduktionsfaktor, der von der Größe des Instrumentes, der Auffassungsgabe des Beobachters usw. abhängt.
Mittlere Dauer einer Sonnenflecken-Periode: 11.04 Jahre

Sonnenfleckenminima und -maxima seit 1610

Minimum	$\overline{R_{min}}$	Maximum	$\overline{R_{max}}$	Zyklusnummer
1610.8		1615.5		
1619.0		1626.0		
1634.0		1639.5		
1645.0		1649.0		
1655.0		1660.0		
1666.0		1675.0		
1679.5		1685.0		
1689.5		1693.0		
1698.0		1705.5		
1712.0		1718.2		
1723.5		1727.5		
1734.0		1738.7		
1745.0		1750.3	92.6	
1755.2	8.4	1761.5	86.5	1
1766.5	11.2	1769.7	115.8	2
1775.5	7.2	1778.4	158.5	3
1784.7	9.5	1788.1	141.2	4
1798.3	3.2	1805.2	49.2	5
1810.6	0.0	1816.4	48.7	6
1823.3	0.1	1829.9	71.7	7
1833.9	7.3	1837.2	146.9	8
1843.5	10.5	1848.1	131.6	9
1856.0	3.2	1860.1	97.9	10
1867.2	5.2	1870.6	140.5	11

Minimum	$\overline{R_{min}}$	Maximum	$\overline{R_{max}}$	Zyklusnummer
1878.9	2.2	1883.9	74.6	12
1889.6	5.0	1894.1	87.9	13
1901.7	2.6	1907.0	64.2	14
1913.6	1.5	1917.6	105.4	15
1923.6	5.6	1928.4	78.1	16
1933.8	3.4	1937.4	119.2	17
1944.2	7.7	1947.5	151.8	18
1954.4	3.4	1957.9	200.8	19
1964.7	9.6	1968.9	110.6	20
1976.5	12.2	1980.0	164.5	21

Die Zyklen werden jeweils von Minimum zu Minimum gezählt. $\overline{R_{min}}$ und $\overline{R_{max}}$ = kleinste bzw. größte ausgeglichene monatliche Relativzahl.

Veränderung der mittleren Breite der Flecken im 11jährigen Zyklus (Spörersches Gesetz)

im Minimum	27°	6 Jahre nach dem Minimum	13°
1 Jahr nach dem Minimum	23°	7 Jahre nach dem Minimum	12°
2 Jahre nach dem Minimum	20°	8 Jahre nach dem Minimum	11°
3 Jahre nach dem Minimum	18°	9 Jahre nach dem Minimum	10°
4 Jahre nach dem Minimum	16°	10 Jahre nach dem Minimum	9°
5 Jahre nach dem Minimum	14°	11 Jahre nach dem Minimum	8°

Die Entdeckung dieses Gesetzes geht auf die Astronomen Carrington und Maunder, vor allem aber Spörer Ende des 19. Jahrhunderts zurück.

Die magnetische Polarität der Fleckengruppen wechselt im 11jährigen Zyklus:

Zyklus-Nr.	vorangehender Fleck	folgender Fleck	vorangehender Fleck	folgender Fleck
	Nordhalbkugel		Südhalbkugel	
18	Südpol	Nordpol	Nordpol	Südpol
19	Nordpol	Südpol	Südpol	Nordpol
20	Südpol	Nordpol	Nordpol	Südpol
21	Nordpol	Südpol	Südpol	Nordpol
	usw.		usw.	

Unter vorangehendem Fleck wird der in Rotation vorangehende Fleck einer Fleckengruppe verstanden.

Die Chromosphäre

Erscheint bei totalen Sonnenfinsternissen als rötlich leuchtender Saum (daher der Name „Farbschicht") rings um die verfinsterte Sonne.

Temperaturverlauf in der Chromosphäre:
H = Höhe über der oberen Begrenzung der Photosphäre (Sonnenrand)

H in km	Temperatur K
0	560
1 000	6 420
2 000	100 000
2 100	470 000

Die Sonnenkorona

Gesamthelligkeit in einem Abstand vom Sonnenscheibenmittelpunkt von 1.03 Sonnenradien
im Sonnenfleckenminimum: 0.8 Millionstel der Sonnenhelligkeit = 0.35 der Helligkeit des Vollmonds
im Sonnenfleckenmaximum: 1.3 Millionstel der Sonnenhelligkeit = 0.57 der Helligkeit des Vollmonds

Helligkeit des Himmels nahe der Sonne während einer totalen Finsternis: 1.6 Milliardstel der Sonnenhelligkeit

Die Strahlung der Sonnenkorona kann aufgegliedert werden in:
a) *Kontinuierliches Spektrum*, entstanden durch Streuung des Sonnenlichts an Elektronen (*K*-Korona);
b) *Fraunhofer-Spektrum*, entstanden durch Streuung des Sonnenlichts an interplanetarem Staub (*F*-Korona);
c) *Linien-Emission*, entstanden bei Strahlung hochionisierter Atome, z. B. Eisen, Calcium, Nickel, Argon u. a.

Temperatur der Korona: 1–4 Millionen K
Form der Korona während Fleckenmaximum: annähernd kugelig
während Fleckenminimum: lange, parallele Strahlenbündel am Äquator.
Kurze radiale Büschel an den Polen

Protuberanzen

Durchschnittliche Dimensionen und andere Angaben dieser über die Sonnenoberfläche schwebenden Gaswolken:

Höhe:	30 000 km
Länge:	200 000 km
Dicke:	5 000 km
Temperatur:	5 000 K

Mittlere Lebensdauer	2.3 Sonnenrotationen
Mittleres Längenwachstum (im Anfangsstadium)	100 000 km pro Sonnenrotation
Zahl der Filamente pro Beobachtungstag	20 im Fleckenmaximum
	4 im Fleckenminimum
Größte beobachtete Steighöhe	2 Millionen km
Größte beobachtete Steiggeschwindigkeit	728 km/s

Breitenwanderung der Zonen größter Protuberanzenhäufigkeit im 11jährigen Zyklus

Jahre nach Minimum	Äquatorzone	Polzone	Jahre nach Minimum	Äquatorzone	Polzone
0		45°	6	25°	85°
1		48°	7	24°	
2	30°	55°	8	23°	48°
3	29°	63°	9	23°	45°
4	28°	67°	10	22°	44°
5	27°	78°	11		45°

Zur Definition: Unter „Filamente" versteht man Protuberanzen, die im Spektrohelioskop oder mit entsprechenden Filtern (z. B. H_α-Filter) auf der Sonnenscheibe als lange, fadenartige Gebilde in Absorption, also dunkel, beobachtet werden können.

Chromosphärische Eruptionen („Flares")

Starkes Aufleuchten normaler chromosphärischer Fackeln in der Umgebung starker, aktiver Fleckengruppen, vor allem im Ultraviolett
Flächengröße 50 bis 2500 Millionstel der Sonnenoberfläche
Temperatur maximal 14 000 K
Geschwindigkeit der zuweilen gleichzeitig hochgeschleuderten Materie bis zu 300 km/s
Durchschnittliche Dauer der Eruptionen 5–20 Minuten

Schematischer Aufbau der Sonne

Zone	Abstand vom Zentrum in Sonnenradien	Charakteristik
Sonnenkern	0 bis 0.25	Energieerzeugung durch Verwandlung von Wasserstoff in Helium
Zwischenschicht	0.25 bis 0.80	Energietransport durch Strahlung nach außen
Konvektionszone	0.80 bis 1.00	Energietransport durch Strömung (Granulation)
Photosphäre	Dicke 400 km (0.0006 Sonnenradien)	Temperatur an unterer Begrenzung 9 000 K, an oberer Begrenzung 4 300 K, mittlere Temperatur 6050 K
Chromosphäre	1.00 bis 1.010 }	Raum der Protuberanzen
Korona	1.010 bis ? }	

Solare Radiostrahlung

Man unterscheidet eine ruhige solare Radiostrahlung von einer veränderlichen Radiostrahlung aktiver Gebiete („Bursts"), die häufig mit chromosphärischen Eruptionen („Flares") zusammenfallen.

Solare Röntgen- und Ultraviolettstrahlung

Die solare Röntgenstrahlung und Ultraviolettstrahlung stammt größtenteils aus der Korona und einzelnen aktiven Gebieten („Flares").

DER MOND

Dimensionen

Radius	1 738.2 km	oder	0.27	⎫
Oberfläche	37 960 000 km²		0.074	⎪
Rauminhalt	21 990 000 000 km³		0.020	⎬ bezogen auf Erde = 1
Masse	7.350 · 10²⁵ g		0.012	⎪
Dichte	3.342 g/cm³		0.61	⎪
Schwerebeschleunigung	162.2 cm/s²		0.16	⎭

Räumliche Stellung zur Erde

Mittlere Entfernung (= 60.2665 Erdäquatorradien)		384 401 km
Größte Entfernung im Perigäum		356 400 km
Kleinste Entfernung im Apogäum		406 700 km
Scheinbarer Halbmesser im Perigäum	16'45"	
im Apogäum	14'43"	
Mittlere Äquatorial-Horizontal-Parallaxe	57'2".45	
Von der Erde aus infolge Libration erforschbarer Teil des Mondes 59 %		

Bahnverhältnisse

Siderische Umlaufzeit (Stern – Stern)	27.32166 Tage
Tropische Umlaufzeit (Frühlingspunkt – Frühlingspunkt)	27.32158 Tage
Synodische Umlaufzeit (Neumond – Neumond)	29.53059 Tage
Anomalistische Umlaufzeit (Perigäum – Perigäum)	27.55455 Tage
Drakonitische Umlaufzeit (Knoten – Knoten)	27.21222 Tage
Neigung der Mondbahn gegen Ekliptik	5°8'43"
Exzentrizität der Mondbahn	0.0549
Mittlere Geschwindigkeit des Mondes in seiner Bahn	1.02 km/s
Mittlere tägliche Bewegung	13°10'34.89"
Mittlere Zeitspanne zwischen zwei Meridiandurchgängen	24ʰ50ᵐ47ˢ
Umlaufzeit der Knotenlinie (Schnittlinie zwischen Erd- und Mondbahnebene) = Nutationsperiode	18.6134 tropische Jahre
Umlaufzeit der Apsidenlinie (große Bahnachse)	8.8479 tropische Jahre
Neigung des Mondäquators gegen Ekliptik	1°32,5'

Physisches

Albedo	0.067	Helligkeit Vollmond	− 12ᵐ55
Temperatur, tags	+118°C	Halbmond	− 10ᵐ20
nachts	−153°C	Farbindex Vollmond	+ 1ᵐ18
Helligkeit Sonne : Vollmond	1 : 468 000	Atm. Druck an der Mondoberfläche	<1 Milliardstel Hektopascal

Wichtige Oberflächeneinzelheiten der uns zugewandten Halbkugel des Mondes

a) Mare (lat. „Meer"), Mehrzahl „Maria", Lacus (lat. „See"), Sinus (lat. „Bucht")

Lacus Somniorum	See der Träume	Mare Nectaris	Honigmeer
Mare Australe	Südliches Meer	Mare Nubium	Meer der Wolken
Mare Crisium	Meer der Gefahren	Mare Serenitatis	Meer der Heiterkeit
Mare Foecunditatis	Meer der Fruchtbarkeit	Mare Tranquillitatis	Meer der Ruhe
Mare Frigoris	Meer der Kälte	Mare Vaporum	Meer der Dämpfe
Mare Humorum	Meer der Feuchtigkeit	Oceanus Procellarum	Ozean der Stürme
Mare Imbrium	Regenmeer	Sinus Medii	Bucht der Mitte

b) Wichtige Krater und Ringgebirge

Nordöstlicher Quadrant

Name	Durchmesser in km	Wallhöhe in m	Name	Durchmesser in km	Wallhöhe in m
Aristillus	55	3200	Geminus	86	2860
Aristoteles	87	2730	Gauß	177	–
Atlas	87	2000	Herkules	70	3840
Cassini	56	1300	Macrobius	64	3590
Cleomedes	125	4000	Meton	122	–
Condorcet	70	3000	Plinius	43	3200
Endymion	125	5000	Posidonius	100	2300
Eudoxus	65	4360	Scoresby	56	–
Firmicus	55	2550	Taruntius	56	900

Nordwestlicher Quadrant

Name	Durchmesser in km	Wallhöhe in m	Name	Durchmesser in km	Wallhöhe in m
Archimedes	83	2060	Olbers	71	3000
Eratosthenes	60	3760	Philolaus	71	4000
Hevelius	118	2150	Plato	100	2440
Copernicus	90	3900	Pythagoras	128	5600

Südwestlicher Quadrant

Name	Durchmesser in km	Wallhöhe in m	Name	Durchmesser in km	Wallhöhe in m
Alphonsus	115	3200	Moretus	120	5000
Arzachel	100	3950	Newton	110	8850
Bailly	300	3960	Pitatus	105	–
Billy	46	1210	Ptolemäus	150	2900
Bullialdus	60	3450	Purbach	120	3000
Clavius	225	4900	Regiomontanus	130	2960
Darwin	132	2700	Riccioli	160	1300
Doppelmayer	65	–	Scheiner	110	6000

Name	Durchmesser in km	Wallhöhe in m	Name	Durchmesser in km	Wallhöhe in m
Fra Mauro	94	–	Schickard	227	1 740
Gassendi	110	2 000	Schiller	180	3 280
Grimaldi	222	3 000	Thebit	55	3 180
Heinsius	66	2 600	Tycho	85	4 460
Letronne	110	1 000	Vitello	45	1 500
Maginus	170	2 000	Walter	140	3 300
Mersenius	82	2 300	Wargentin	84	400*)

Anmerkung *): Das Innere von Wargentin ist ausgefüllt. Die Höhenangabe bezieht sich auf die äußere Umgebung.

Südöstlicher Quadrant

Name	Durchmesser in km	Wallhöhe in m	Name	Durchmesser in km	Wallhöhe in m
Albategnius	136	4 400	Palitzsch	41	3 400
Capella	45	3 250	Petavius	177	3 320
Cuvier	75	4 000	Piccolomini	90	3 580
Cyrillus	93	3 150	Rheita	70	4 760
Fabricius	78	4 430	Steinheil	65	3 500
Fracastor	124	1 170	Stöfler	137	3 200
Furnerius	125	3 700	Theophilus	100	6 800
Gutenberg	70	2 280	Vendelinus	147	3 560
Hipparch	150	3 320	Vlacq	90	3 300
Catharina	97	2 800	Werner	70	4 560
Langrenus	135	4 950	W. Humboldt	200	5 300
Marolycus	114	5 100	Zagut	84	–

Die Angaben der Wallhöhe beziehen sich jeweils auf das Innere der Krater und Ringgebirge und stellen meist Maximalwerte dar.

c) Wichtige Kettengebirge und ähnliche Formationen

Name	Länge in km	größte Höhe in m	Name	Länge in km	größte Höhe in m
Alpen	400	3 600	Kaukasus	400	5 900
Altai	480	4 300	Lange Wand	96	400
Apenninen	1 000	6 000	Leibniz-Gebirge	–	9 500
Jura-Gebirge	400	3 870	Pico (Einzelberg)	–	2 420
Karpathen	360	2 300	Riphäen	110	1 240

Die höchsten Erhebungen ragen etwa 11 350 m über die Umgebung

d) Wichtige Rillen und Täler

Name	Länge in km	Tiefe in m	Name	Länge in km	Tiefe in m
Hyginus-Rille	340	230	Schröter-Tal	200	1000
Hadley-Rille	135	370	Tal der Alpen	130	1000

e) Wichtige Strahlensysteme

Folgende Ringgebirge besitzen Strahlensysteme: Tycho, Copernicus, Kepler, Proclus, Aristarch.

Die wichtigsten Oberflächeneinzelheiten der uns abgewandten Halbkugel des Mondes

Maria

Mare Humboldtianum (Humboldt-Meer)
Mare Marginis (Randmeer)
Mare Orientale (östliches Meer)
Mare Smythii (Smyth-Meer)
Mare Australe (Südmeer)
Mare Moscoviense (Moskau-Meer)
Mare Ingenii (Meer der Begabung)

Ringgebirge und Krater

Apollo, Birkhoff (Durchmesser 300 km), Campbell, Compton, D'Alembert, Gagarin, Hertzsprung, Keeler, Korolew, Landau, Mach, Mendelew, Milne, Oppenheimer, Pasteur, Planck, Poincaré, Schrödinger, Schwarzschild, Zeeman, Ziolkowski.

PLANETEN UND SATELLITEN

Allgemeines

Gesamtmasse der Planeten	447.8 Erdmassen
Gesamtmasse der Satelliten	0.13 Erdmassen
Gesamtmasse der Meteoriten und Kometen	1 Milliardstel Erdmassen
Gesamtmasse der Kleinplaneten	0.0003 Erdmassen
Gesamtmasse des Planetensystems	448.0 Erdmassen

Mittlere Sichtbarkeitsbedingungen der Planeten

a) Untere Planeten

Erscheinung	Merkur	Venus
Obere Konjunktion zur Sonne	0^d	0^d
Erscheinen als Abendstern	12	35
Größte östliche Elongation	36	221
Beginnende Rückläufigkeit	47	271
Verschwinden als Abendstern	53	286
Untere Konjunktion zur Sonne	58	292
Erscheinen als Morgenstern	63	298
Endende Rückläufigkeit	69	313
Größte westliche Elongation	80	362
Verschwinden als Morgenstern	104	549
Obere Konjunktion zur Sonne	116	584

b) Obere Planeten

Erscheinung	Mars	Jupiter	Saturn
Konjunktion zur Sonne	0^d	0^d	0^d
Erscheinen am Morgen	54	13	18
Beginnende Rückläufigkeit	353	140	125
Opposition zur Sonne	390	200	189
Endende Rückläufigkeit	427	260	253
Verschwinden am Morgen	726	386	360
Konjunktion zur Sonne	780	399	378

Titius-Bodesche Reihe

Die mittleren Entfernungen von der Sonne werden in astronomischen Einheiten AE (mittlere Entfernung Erde–Sonne) angegeben. Bei Neptun ergibt sich eine deutliche Unregelmäßigkeit.

Planet	Entfernung nach Titius-Bode	wahre Entfernung	Unterschied
Merkur	0.4 + 0 · 0.3 = 0.4	0.39	0.01
Venus	0.4 + 1 · 0.3 = 0.7	0.72	0.02
Erde	0.4 + 2 · 0.3 = 1.0	1.00	0.00
Mars	0.4 + 4 · 0.3 = 1.6	1.52	0.08
Kleinplaneten	0.4 + 8 · 0.3 = 2.8	~2.9	~0.1
Jupiter	0.4 + 16 · 0.3 = 5.2	5.20	0.00
Saturn	0.4 + 32 · 0.3 = 10.0	9.55	0.45
Uranus	0.4 + 64 · 0.3 = 19.6	19.2	0.4
Neptun		30.1	
Pluto	0.4 + 128 · 0.3 = 38.8	39.5	0.7

Die Titius-Bodesche Reihe geht auf die beiden Astronomen J. K. Titius (1729–1796) und J. E. Bode (1747–1826) zurück.

Dimensionen und Bahnverhältnisse der Planeten

Planet	Mittlere Entfernung von der Sonne		Exzentrizität	Kleinste	Größte
	in Mill. km	in AE		Entfernung von der Sonne in AE	
Merkur	57.9	0.387	0.206	0.31	0.47
Venus	108.2	0.723	0.007	0.72	0.73
Erde	149.6	1.000	0.017	0.98	1.02
Mars	227.9	1.524	0.093	1.38	1.67
Jupiter	778.3	5.205	0.048	4.95	5.45
Saturn	1432	9.576	0.055	8.98	10.09
Uranus	2884	19.281	0.047	18.28	20.09
Neptun	4509	30.142	0.010	29.79	30.33
Pluto	5966	39.880	0.248	29.58	49.30

Planet	Kleinste	Größte	Bahnumfang in Millionen km	Mittlere Bahngeschwindigkeit in km/s
	Entfernung von der Erde in AE			
Merkur	0.53	1.47	360	47.90
Venus	0.26	1.74	680	35.05
Erde	–	–	940	29.80
Mars	0.37	2.67	1 400	24.14
Jupiter	3.93	6.46	4 900	13.06
Saturn	7.97	11.08	9 000	9.65
Uranus	17.31	21.12	18 000	6.80
Neptun	28.77	31.34	28 000	5.43
Pluto	28.58	50.30	37 000	4.74

Planet	Umlaufzeit in Tagen		Bahnneigung	Äquatordurchmesser	
	siderisch	synodisch	gegen Ekliptik	in km	Erde = 1
Merkur	87.969	115.88	7°00'16"	4878	0.38
Venus	224.701	583.92	3°23'40"	12104	0.95
Erde	365.256	–	–	12756	1.00
Mars	686.980	779.94	1°50'59"	6794	0.53
Jupiter	4332.588	398.88	1°18'18"	142796	11.19
Saturn	10759.21	378.09	2°29'16"	120000	9.41
Uranus	30685.4	369.66	0°46'19"	50800	3.98
Neptun	60189	367.49	1°46'17"	48600	3.81
Pluto	90465	366.74	17°09'01"	3500	0.27

Planet	Abplattung	Rauminhalt	Masse	Dichte
		Erde = 1	Erde = 1	g/cm^3
Merkur	0	0.06	0.055	5.43
Venus	0	0.86	0.815	5.24
Erde	1 : 298	1.00	1.000	5.52
Mars	1 : 171	0.15	0.107	3.93
Jupiter	1 : 16	1321 ⎱	317.826 ⎱	1.33 ⎱
Saturn	1 : 9	747 ⎰	95.145 ⎰	0.70 ⎰
Uranus	1 : 50	63 ⎱ [1]	14.559 ⎰ [1]	1.27 ⎰ [1]
Neptun	1 : 43	56 ⎰	17.204 ⎰	1.71 ⎰
Pluto	?	0.02	0.003	0.7

Anmerkung [1]: Unter Einschluß der Atmosphäre

Planet	siderische Rotationszeit	Äquatorneigung gegen Bahnebene	Flucht- geschwindigkeit km/s	Oberflächen- temperatur °C
Merkur	58^{d}65	ca. 2°	4.2	+330/−170
Venus	243^{d}r	ca. 3°	10.4	+470
Erde	23^{h}56^{m}04^{s}1	23°27'	11.2	+ 40/− 60
Mars	24^{h}37^{m}22^{s}6	23°59'	5.0	+ 20/−130
Jupiter	9^{h}50^{m}5 ⎱ für	3° 4'	57.6	−148 ⎱
Saturn	10^{h}14^m ⎰ Äquator	26°44'	33.4	−180 ⎱ Atmo-
Uranus	17^{h}18^m ? r	97°59'	21	215 ⎰ sphäre
Neptun	?	29°	24	−217 ⎰
Pluto	6^{d}39	über 50° ?	1	−230

r = retrograd

Planet	visuelle Albedo	Farbindex B – V	Größte scheinbare Helligkeit	scheinbarer Durchmesser	
				größter	kleinster
Merkur	0.096	$+0^m9$	-1^m9	$13\rlap{.}''3$	$4\rlap{.}''8$
Venus	0.61	$+0^m8$	-4^m4	64"	10"
Erde	0.37	$+0^m2$	–	–	–
Mars	0.15	$+1^m4$	-3^m1	25"	4"
Jupiter	0.44	$+0^m8$	-2^m7	48"	31"
Saturn	0.47	$+1^m0$	-0^m6	21"	15"
Uranus	0.57	$+0^m6$	$+5^m6$	4"	3"
Neptun	0.51	$+0^m4$	$+7^m5$	$2\rlap{.}''5$	2"
Pluto	0.12	$+0^m8$	$+13^m7$	$0\rlap{.}''2$	$0\rlap{.}''1$

B = blau, V = visuell (gelb)

Maßstäbliches Modell des Planetensystems

Maßstab 1 : 1 Milliarde (1000 km = 1 mm oder 1 Million km = 1 m)

Gestirn	Entfernung von der Sonne	Durchmesser	Gestirn	Entfernung von der Sonne	Durchmesser
Sonne		139 cm	Jupiter	778.3 m	14 cm
Merkur	57.9 m	5 mm	Saturn	1432 m	12 cm
Venus	108.2 m	12 mm	Uranus	2884 m	5.1 cm
Erde	149.6 m	13 mm	Neptun	4509 m	4.9 cm
Mars	227.9 m	7 mm	Pluto	5966 m	3 mm

Physischer Aufbau der Planeten

Planet	Atmosphäre	Oberfläche, Aufbau
Merkur	Extrem dünn	Ähnlich Mondoberfläche, kein Wasser
Venus	Druck 90 000 Hektopascal. Enthält Kohlendioxid 95 %, Rest Stickstoff	Wenige Kontinente, insgesamt flacher als Erde, einzelne hohe Berge, kein Wasser
Mars	Druck 6 Hektopascal. Enthält Kohlendioxid 95 %, Stickstoff 3 %, Argon 2 %	Wüstenartig, Polkappen aus Kohlendioxideis und Wassereis, ehemalige Schildvulkane, Canyons, trockene Flußbetten, Aufsturzkrater
Jupiter	Sehr dicht. Enthält Wasserstoff, Helium, Methan, Ammoniak. Wolken sichtbar.	Nach innen Übergang in flüssigen und festen Zustand („metallischer Wasserstoff"). Relativ kleiner Kern aus Gesteinen und Metallen
Saturn	Ähnlich Jupiter	Ähnlich Jupiter
Uranus	Ähnlich Jupiter	Ähnlich Jupiter
Neptun	Ähnlich Jupiter	Ähnlich Jupiter
Pluto	Vermutlich nicht vorhanden	Unbeobachtbar. Eiswüste?

Kleinplaneten (Planetoiden, Asteroiden)

Gesamtzahl der Kleinplaneten, deren Bahnen bis 1.11.1983 gesichert waren	2958
Geschätzte Gesamtzahl aller Kleinplaneten, die in der Opposition heller als 20. Größe sind	50000
Geschätzte Gesamtmasse aller Kleinplaneten	höchstens 1/1000 Erdmasse
Mittlere halbe große Bahnachse	2.7 AE
Mittlere Bahnexzentrizität	0.14
Mittlere Bahnneigung zur Ekliptik	9°5
Mittlere Umlaufzeit	4.5 Jahre
Geschätzte mittlere Dichte	3.5 g/cm³

Einige wichtige Kleinplaneten

Name	Durchmesser in km	Rotationszeit in Std.	Masse in g	siderische Umlauf- zeit in Tagen
Ceres	1017	9.078	$8 \cdot 10^{23}$	1681
Pallas	585	7.811	$2 \cdot 10^{23}$	1684
Juno	247	7.213	$1 \cdot 10^{22}$	1594
Vesta	531	5.342	$1 \cdot 10^{23}$	1325
Eros	15	5.270	10^{19}	643

Name	Mittlere Entfernung von der Sonne in AE	Exzentrizität	Bahn- neigung	Helligkeits- Schwankungen	Farbindex B – V
Ceres	2.767	0.078	10°6	0ᵐ04	+0.7
Pallas	2.772	0.234	34°8	0ᵐ15	+0.6
Juno	2.668	0.258	13°0	0ᵐ15	+0.8
Vesta	2.361	0.089	7°1	0ᵐ14	+0.8
Eros	1.458	0.223	10°8	1ᵐ50	+0.9

Größter Sonnenabstand eines Kleinplaneten (Chiron)	18.9 AE
Kleinster Sonnenabstand eines Kleinplaneten (Phaeton)	0.14 AE
Kleinster jemals beobachteter Erdabstand eines Kleinplaneten (Hermes 1937)	0.004 AE

Die wichtigsten Trojaner:

Achilles, Hektor, Nestor, Agamemnon, Odysseus, Ajax, Diomedes, Antilochus, Menelaus, Telamon, Thersites, Philoctetes (vorauslaufend); Patroclus, Priamus, Aeneas, Anchises, Troilus, Deiphobus, Glaukos, Astyanax, Helenos, Agenor (nachlaufend).

Die Trojaner bewegen sich auf der Jupiterbahn und befinden sich in der Nähe der um 60° von Jupiter entfernten „Librationspunkte".

Das Ringsystem des Jupiter

Äußerer Halbmesser des äußersten Ringes	210000 km
Äußerer Halbmesser des Primärringes	129200 km
Innerer Halbmesser des Primärringes	122800 km
Äußerer Halbmesser des Sekundärringes	122800 km
Innerer Halbmesser des Sekundärringes	71398 km

Das Ringsystem des Saturn

Äußerer Halbmesser des Ringes E	etwa 480 000 km
Innerer Halbmesser des Ringes E	181 000 km
Mittlerer Halbmesser des Ringes G	170 000 km
Mittlerer Halbmesser des Ringes F	140 600 km
Äußerer Halbmesser des Ringes A	136 200 km
Innerer Halbmesser des Ringes A	121 000 km
Breite der Cassinischen Teilung zwischen Ring A und B	3 500 km
Äußerer Halbmesser des Ringes B	117 500 km
Innerer Halbmesser des Ringes B	91 700 km
Innerer Halbmesser des Ringes C (Florring)	73 200 km
Innerer Halbmesser des Ringes D	67 000 km
Dicke des Ringsystems	maximal 500 m
Gesamtmasse des Ringsystems	10^{22} bis 10^{24} g
Größe der Teilchen Ring A bis D	maximal 2 bis 10 m
Ring E und F	unter 0.005 m

Das Ringsystem des Uranus

Halbmesser der Ringe

Ring 6	41 900 km	Ring η	47 200 km
Ring 5	42 300 km	Ring γ	47 700 km
Ring 4	42 600 km	Ring δ	48 300 km
Ring α	44 800 km	Ring ε	51 200 km
Ring β	45 700 km		

Die Satelliten der Planeten

Satelliten-bezeichnung	Entdecker und Jahr	Entfernung vom Planet in km	siderische Umlaufzeit in Tagen	Bahnneigung
Erde				
Mond		384 400	27.322	5°1 B
Mars				
I Phobos	1877 Hall	9 380	0.319	1°0 P
II Deimos	1877 Hall	23 500	1.262	2°0 P
Jupiter				
XVI Metis	1980 Synnott	128 200	0.294	0° P
XV Adrastea	1979 Jewitt, Danielson	128 500	0.297	0° P
V Amalthea	1892 Barnard	181 300	0.489	0°5 P
XIV Thebe	1980 Synnott	223 000	0.675	0° P
I Io	1610 Galilei	412 600	1.769	0° P
II Europa	1610 Galilei	670 900	3.551	0°5 P

Die Satelliten der Planeten (Fortsetzung)

Satelliten-bezeichnung	Entdecker und Jahr	Entfernung vom Planet in km	siderische Umlaufzeit in Tagen	Bahnneigung
III Ganymed	1610 Galilei	1 070 000	7.155	0º2 P
IV Kallisto	1610 Galilei	1 880 000	16.689	0º3 P
XIII Leda	1974 Kowal	11 100 000	240.00	27° P
VI Himalia	1904 Perrine	11 470 000	250.62	28° P
X Lysithea	1938 Nicholson	11 710 000	260	29° P
VII Elara	1905 Perrine	11 740 000	260.1	26° P
XII Ananke	1951 Nicholson	20 700 000	617	147° P R
XI Carme	1938 Nicholson	22 350 000	692	163° P R
VIII Pasiphae	1908 Melotte	23 300 000	735	147° P R
IX Sinope	1914 Nicholson	23 700 000	758	156° P R
Saturn				
XV Atlas	1980 Voyager 1	137 670	0.602	0º3 P
Prometheus	1980 Voyager 1	139 353	0.613	0º0 P
Pandora	1980 Voyager 1	141 700	0.629	0º1 P
XI Epimetheus	1978 Fountain und Larson	151 422	0.694	0º3 P
X Janus	1978 Fountain und Larson	151 472	0.695	0º1 P
I Mimas	1789 W. Herschel	185 520	0.942	1º5 P
Mimas koorbital	1982 Synnott und Terrile	~185 520	~0.942	~1º5 P
II Enceladus	1789 W. Herschel	238 020	1.370	0º0 P
III Tethys	1684 Cassini	294 660	1.888	1º9 P
XIII Telesto	1980 Gruppe Smith	294 660	1.888	?
XIV Calypso	1980 Gruppe Smith	294 660	1.888	?
Tethys koorbital	1982 Synnott	~294 660	~1.888	~0° P
IV Dione	1684 Cassini	377 400	2.737	0º0 P
XII 1980 S 6	1980 Lacques und Lecacheux	377 400	2.737	0º2 P
Dione koorbital	1982 Synnott	~377 400	~2.737	~0º3 P
–	1982 Synnott und Terrile	~469 900	?	?
V Rhea	1672 Cassini	527 500	4.518	0º3 P
VI Titan	1655 Huygens	1 221 600	15.945	0º3 P
VII Hyperion	1848 Bond	1 483 000	21.277	0º6 P
VIII Japetus	1671 Cassini	3 560 000	79.331	14º7 P
IX Phoebe	1898 Pickering	12 950 000	550.34	150° P R
Uranus				
1986 U 7	1986 Voyager 2	49 300	0.33	?

(Fortsetzung)

Satelliten-bezeichnung	Entdecker und Jahr	Entfernung vom Planet in km	siderische Umlaufzeit in Tagen	Bahnneigung
1986 U 8	1986 Voyager 2	53 300	0.37	?
1986 U 9	1986 Voyager 2	59 100	0.43	?
1986 U 3	1986 Voyager 2	61 750	0.46	?
1986 U 6	1986 Voyager 2	62 700	0.48	?
1986 U 2	1986 Voyager 2	64 350	0.49	?
1986 U 1	1986 Voyager 2	66 090	0.51	?
1986 U 4	1986 Voyager 2	69 920	0.56	?
1986 U 5	1986 Voyager 2	75 100	0.62	?
1985 U 1	1985 Voyager 2	85 980	0.76	?
V Miranda	1948 Kuiper	129 390	1.413	4°2 P
I Ariel	1851 Lassell	191 020	2.520	0°3 P
II Umbriel	1851 Lassell	266 300	4.144	0°4 P
III Titania	1787 W. Herschel	435 910	8.706	0°1 P
IV Oberon	1787 W. Herschel	583 520	13.463	0°1 P
Neptun				
I Triton	1846 Lassell	354 290	5.877	159 P R
II Nereid	1949 Kuiper	5 511 000	360.2	26°6 P
Pluto				
Charon	1978 Christy	19 700	6.387	94 P R ?

Anmerkung: Die Bahnneigung bezieht sich bei B auf die jeweilige Planetenbahnebene und bei P auf den Planetenäquator. R bedeutet, daß die Bahnbewegung des Satelliten rückläufig erfolgt.

Satelliten	Exzentrizität	Durchmesser in km	Masse im Vergleich zum Planeten	Visuelle Helligkeit in mittlerer Oposition
Erde				
Mond	0.0549	3476	0.012	-12^m7
Mars				
I Phobos	0.015	27 x 22 x 19	$1.5 \cdot 10^{-8}$	$+11^m3$
II Deimos	0.0005	15 x 12 x 11	$3 \cdot 10^{-9}$	12^m4
Jupiter				
XVI Metis	?	40	$0.5 \cdot 10^{-10}$	17^m5
XV Adrastea	?	25 x 20 x 15	$0.1 \cdot 10^{-10}$	19^m1
V Amalthea	0.003	270 x 166 x 150	$38 \cdot 10^{-10}$	14^m1
XIV Thebe	0.015	110	$4 \cdot 10^{-10}$	15^m6
I Io	0.004	3630	$4.68 \cdot 10^{-5}$	5^m0
II Europa	0.009	3138	$2.52 \cdot 10^{-5}$	5^m3
III Ganymed	0.002	5262	$7.80 \cdot 10^{-5}$	4^m6
IV Kallisto	0.007	4800	$5.66 \cdot 10^{-5}$	5^m7

Satelliten	Exzentrizität	Durchmesser in km	Masse im Vergleich zum Planeten	Visuelle Helligkeit in mittlerer Oposition
XIII Leda	0.148	16	$0.03 \cdot 10^{-10}$	20^m2
VI Himalia	0.158	186	$50 \quad \cdot 10^{-10}$	14^m8
X Lysithea	0.107	36	$0.4 \ \cdot 10^{-10}$	18^m4
VII Elara	0.207	76	$4 \quad \cdot 10^{-10}$	16^m7
XII Ananke	0.169	30	$0.2 \cdot 10^{-10}$	18^m9
XI Carme	0.207	40	$0.5 \cdot 10^{-10}$	18^m0
VIII Pasiphae	0.378	50	$1 \quad \cdot 10^{-10}$	17^m0
IX Sinope	0.275	36	$0.4 \ \cdot 10^{-10}$	18^m3
Saturn				
XV Atlas	?	40 x 20	?	18^m ?
Prometheus	?	140 x 100 x 80	?	16^m ?
Pandora	0.004	110 x 90 x 70	?	16^m ?
XI Epimetheus	0.009	140 x 120 x 100	?	15^m ?
X Janus	0.007	220 x 200 x 160	?	14^m ?
I Mimas	0.020	392	$8 \quad \cdot 10^{-8}$	12^m9
Mimas koorbital	0.2 ?	20	?	?
II Enceladus	0.005	500	$1.3 \ \cdot 10^{-7}$	11^m7
III Tethys	0.000	1060	$1.3 \ \cdot 10^{-6}$	10^m2
XIII Telesto	?	34 x 28 x 26	?	18^m5 ?
XIV Calypso	?	34 x 22 x 22	?	18^m7 ?
Tethys koorbital	0.002 ?	30 ?	?	?
IV Dione	0.002	1120	$1.85 \cdot 10^{-6}$	10^m4
XII 1980 S 6	0.005	36 x 32 x 30	?	18^m ?
Dione koorbital	0.001 ?	30 ?	?	?
–	?	?	?	?
V Rhea	0.001	1530	$4.4 \ \cdot 10^{-6}$	9^m7
VI Titan	0.029	5150	$2.38 \cdot 10^{-4}$	8^m3
VII Hyperion	0.104	410 x 260 x 220	$3 \quad \cdot 10^{-8}$	14^m2
VIII Japetus	0.028	1460	$3.3 \ \cdot 10^{-6}$	11^m1
IX Phoebe	1.163	220	$7 \quad \cdot 10^{-10}$	16^m5
Uranus				
1986 U 7	?	20	?	?
1986 U 8	?	25	?	?
1986 U 9	?	50	?	?
1986 U 3	?	40	?	?
1986 U 6	?	30	?	?
1986 U 2	?	40	?	?
1986 U 1	?	50	?	?
1986 U 4	?	30	?	?

(Fortsetzung)

Satelliten	Exzentrizität	Durchmesser in km	Masse im Vergleich zum Planeten	Visuelle Helligkeit in mittlerer Oposition
1986 U 5	?	30	?	?
1985 U 1	?	150	?	?
V Miranda	0.003	320	$0.2 \cdot 10^{-5}$	$16^{m}5$
I Ariel	0.003	1330	$1.8 \cdot 10^{-5}$	$14^{m}4$
II Umbriel	0.005	1110	$1.2 \cdot 10^{-5}$	$15^{m}3$
III Titania	0.002	1600	$6.8 \cdot 10^{-5}$	$14^{m}0$
IV Oberon	0.001	1630	$6.9 \cdot 10^{-5}$	$14^{m}2$
Neptun				
I Triton	0.000	3800	$1.3 \cdot 10^{-3}$	$13^{m}7$
II Nereid	0.748	300	$2 \cdot 10^{-7}$	$18^{m}7$
Pluto				
Charon	0 ?	1500 ?	0.125 ?	$16^{m}8$

Physische Daten der wichtigsten Satelliten

Name	Dichte g/cm^3	Oberfläche/Bemerkungen
Io	3.55	Vulkanismus
Europa	3.04	Eiskruste $\leq$ 100 km, Risse im Eis
Ganymed	1.93	Eiskruste $\leq$ 75 km Krater, größter Satellit des Sonnensystems
Kallisto	1.81	Eiskruste, zahlreiche Krater
Titan	1.88	Eiskruste, Atmosphäre (Oberflächendruck 1600 Hektopascal, 82 % Stickstoff, 6 % Methan)
Charon	0.9 ?	Größter Satellit im Verhältnis zu seinem Planeten im Sonnensystem

KOMETEN

Allgemeines · Bahnformen

Maximale Umlaufzeit der Mitglieder des zentralen planetarischen Kometensystems 200 Jahre.
Radius des zirkumsolaren Kometensystems (Oortsche Kometenwolke)
40 000 – 150 000 AE.

Kometenfamilien zeichnen sich dadurch aus, daß die Aphele ihrer Bahnen etwa eine Sonnendistanz aufweisen, die der großen Halbachse der Bahn eines großen Planeten entspricht. Sie sind durch Einfang entstanden. Am bekanntesten ist die Jupiter-Kometenfamilie. Ihre Umlaufzeiten betragen etwa 6 bis 7 Jahre.
Die Mitglieder einer Kometengruppe haben ungefähr dieselben Bahnelemente und sind vermutlich durch Teilung eines einzigen Kometen entstanden.

Aufbau · Physisches

Kern eines Kometen

Aufbau	Konglomerat aus Meteoriten, Staub und Eispartikel („schmutziger Schneeball")
Bestandteile	Wasser H_2O, Ammoniak NH_3, Methan CH_4, Dicyan C_2N_2, Kohlenmonoxid CO, Kohlendioxid CO_2 im gefrorenen Zustand. Staubteilchen
Masse	Sehr schwer zu bestimmen. Vermutlich 10^{14} bis 10^{19} g, in Grenzfällen bis 10^{21} g
Durchmesser	1 bis 100 km. (Halleyscher Komet 15 x 9 km). Dichte 1 g/cm³
Leuchtprozeß	Reflexion des Sonnenlichts. Der Kern verdampft teilweise unter der Einwirkung der Sonnenstrahlung. Dabei werden auch Staubteilchen freigesetzt. Im Laufe der Jahrtausende und Jahrmillionen zerstreuen sie sich längs der Kometenbahn (Meteorströme). Albedo 0.02 – 0.04 (Halleyscher Komet).

Kopf (Koma) eines Kometen

Aufbau	Gaswolke vermischt mit Staubteilchen
Bestandteile	Einfache molekulare Bestandteile, u. a. aus Kohlenstoff C, Stickstoff N, Wasserstoff H und Sauerstoff O (ein $^+$ deutet auf elektrische Ladung hin): CN, C_2, CH, CO_2^+, N_2^+, OH, NH, CH^+, HCN, NH_2, H_2O^+, C_3, OH^+, Staubteilchen
Durchmesser	10 000 bis 100 000 km, äußere Wasserstoffkorona bis 10 Millionen km
Leuchtprozeß	Resonanzleuchten (Anregung durch die Sonnenstrahlung). Die Koma entsteht durch Zerfall des Kerns, sowie durch Verdampfung der Eispartikel. In jeder Sekunde werden dabei vermutlich in Sonnennähe bis zu etwa 100 t Masse frei.

Schweif eines Kometen

Aufbau	Plasmaschweif (elektrisch geladene Teilchen), Staubschweif (leicht gekrümmt)
Bestandteile	CO^+, CO_2, CH^+, N_2^+, CN, H_2O^+ usw., freie Elektronen (im Plasmaschweif); silikatreiche Staubteilchen (im Staubschweif)

Länge	Bis zu mehreren Millionen km. Die größten bisher gemessenen Schweiflängen wiesen die Kometen 1680 (300 Millionen km) und 1843 (250 Millionen km) auf
Breite	Bis zu 1 Million km
Gasdichte	10 bis 100 Moleküle/cm^3 im Plasmaschweif
Geschwindig-keit der Teilchen	100 bis 1000 km/s. Der Plasmaschweif entsteht durch den Strahlungsdruck, vor allem aber durch die Wirkung der Korpuskularstrahlung der Sonne (Sonnenwind) auf den Kometenkopf. Der Staubschweif entsteht allein durch den Strahlungsdruck.

Sonnendistanz, in der im Mittel ein Kometenschweif entsteht, 1,7 AE

Wie ändert sich die Helligkeit eines Kometen mit dem Sonnen- und Erdabstand?

$$m = m_o + 5 \log \Delta + 2.5\,n \log r$$

Δ bedeutet die Entfernung von der Erde, r die Entfernung von der Sonne in AE, n ist ein Faktor, der für jeden Kometen individuell verschieden ist. Er schwankt im allgemeinen zwischen 2.6 und 5.6.

Die wichtigsten periodischen Kometen

Wegen der Bedeutung der Symbole dieser Tabelle siehe Seite 9 (Abkürzungen). Alle Distanzen sind in AE angegeben.

Name	Umlaufzeit	ω	☊	i	e	q	Q
Encke	3^{a}3	186°	334°	11°9	0.846	0.34	4.10
Grigg-Skjellerup	5^{a}1	359°	213°	21°1	0.665	0.99	4.93
Tempel 2	5^{a}3	191°	119°	12°5	0.548	1.37	4.69
d'Arrest	6^{a}2	179°	141°	16°7	0.656	1.16	5.61
Pons-Winnecke	6^{a}4	172°	93°	22°3	0.635	1.25	5.61
Forbes	6^{a}4	260°	25°	4°6	0.555	1.53	5.36
Kopff	6^{a}4	163°	120°	4°7	0.545	1.57	5.34
Schwassmann-Wachmann 2	6^{a}5	357°	126°	3°7	0.386	2.14	4.83
Giacobini-Zinner	6^{a}5	172°	195°	31°7	0.715	1.00	5.99
Brooks 2	6^{a}9	198°	176°	5°6	0.491	1.84	5.39
Daniel	7^{a}1	11°	69°	20°1	0.550	1.66	5.72
Whipple	7^{a}4	190°	188°	10°2	0.352	2.47	5.15
Faye	7^{a}4	204°	200°	9°1	0.576	1.61	5.98
Reinmuth 1	7^{a}6	10°	121°	8°3	0.485	2.00	5.76
Oterma	7^{a}9	355°	155°	4°0	0.144	3.39	4.53
Schaumasse	8^{a}2	52°	86°	12°0	0.705	1.20	6.92
Wolf 1	8^{a}4	161°	204°	27°3	0.396	2.50	5.78
Comas-Solá	8^{a}9	43°	62°	13°0	0.566	1.87	6.74
Neujmin 3	10^{a}6	147°	150°	3°9	0.590	1.98	7.66
Väisälä 1	11^{a}3	50°	135°	11°5	0.629	1.87	8.19
Tuttle 1	13^{a}8	207°	270°	54°4	0.822	1.02	10.46
Schwassmann-Wachmann 1	15^{a}0	14°	320°	9°7	0.105	5.45	6.73
Neujmin 1	17^{a}9	347°	347°	15°0	0.775	1.54	12.16
Crommelin	27^{a}9	196°	250°	28°9	0.919	0.74	17.65
Olbers	69^{a}6	65°	85°	44°6	0.930	1.18	32.65
Pons-Brooks	70^{a}9	199°	255°	74°2	0.955	0.77	33.49
Halley	76^{a}1	112°	58°	162°2	0.967	0.59	35.32
Herschel-Rigollet	154^{a}9	29°	355°	64°2	0.974	0.75	56.94

METEORE UND METEORITEN

Allgemeines

Meteore ist die Sammelbezeichnung für alle kosmischen Kleinkörper, die in unsere irdische Atmosphäre eindringen und dabei in Form der bekannten Leuchterscheinungen beobachtet werden können. Der Begriff „Sternschnuppen" ist den normalen Meteoren vorbehalten, die eine durchschnittliche Helligkeit aufweisen. „Feuerkugeln" sind Meteore, die wenigstens etwa Venushelligkeit (-4^m) erreichen. „Mikrometeore" sind nicht mehr beobachtbar. Meteoriten sind Körper, die auf die Erdoberfläche fallen.

Täglicher Massenzuwachs der Erde durch Meteoriten	$\sim 6\,500$ t
Davon entfallen auf Meteore, die mit freiem Auge sichtbar wären	1 t
Der Massenzuwachs aus Meteoriten, gleichmäßig verteilt, ergibt	~ 4 kg/km^2

Durchschnittliche Helligkeit, Durchmesser und Masse der Meteore

Helligkeit	Durchmesser	Masse
helle Feuerkugeln	>1 cm	>2
Sternschnuppen bis 6^m	$1-10$ mm	2 mg $-$ 2 g
Teleskopische Meteore	$0.1-1$ mm	0.002 mg $-$ 2 mg
Mikrometeore	<0.1 mm	<0.002 mg

Raumdichte kleiner Teilchen in der Nachbarschaft der Erde	$3 \cdot 10^{-23}$ g/cm^3
Maximale Oberflächentemperatur bei Durchgang eines Meteoriten durch die Atmosphäre	3 100 K
Mittlere geozentrische Geschwindigkeit beobachteter Meteore	40 km/s
Maximale geozentrische Geschwindigkeit beobachteter Meteore	72 km/s

Mittlere Höhe der Meteore über der Erdoberfläche

	Helligkeit	vereinzelte Meteore	Schauer-Meteore
Auftauchen	-4^m bis $+4^m$	98 km	114 km
Erlöschen	-4^m	62 km	
	0^m	76 km	90 km
	$+4^m$	86 km	92 km

Die wichtigsten Sternschnuppenschwärme (Meteorströme)

Bezeichnung	Lage des Radianten	Zeitraum des Schwarms	Maximum	Stündliche Häufigkeit der Meteore	Herkunft
Quadrantiden	Bootes	2. Jan. – 4. Jan.	3. Jan.	30	?
Lyriden	Leier	12. Apr. – 24. Apr.	22. Apr.	8	Komet 1861 I
η Aquariden	Wassermann	29. Apr. – 21. Mai	5. Mai	10	Komet Halley
Scorpius-Sagittariiden	Skorpion-Schütze	20. Apr. – 30. Juli	14. Juni	6	ekliptikal
δ Aquariden	Wassermann	25. Juli – 10. Aug.	3. Aug.	15	ekliptikal
Perseiden	Perseus	20. Juli – 19. Aug.	12. Aug.	40	Komet 1862 III
Pisciden	Fische	16. Aug. – 8. Okt.	12. Sept.	6	ekliptikal
Orioniden	Orion	11. Okt. – 30. Okt.	19. Okt.	15	Komet Halley
Tauriden	Stier	24. Sept.–10. Dez.	13. Nov.	8	ekliptikal
Leoniden	Löwe	–	16. Nov.	6	Komet 1866 I
Geminiden	Zwillinge	5. Dez. – 19. Dez.	12. Dez.	50	Phaeton?
Ursiden	Kleiner Bär	17. Dez. – 24. Dez.	22. Dez.	15	Komet Tuttle?

Die stündliche Häufigkeit gilt für einen einzigen Beobachter und den Fall, daß der Radiant im Zenit steht. Verstärkte Schauer sind nicht berücksichtigt.

Sporadisch (gelegentlich) auftauchende Schwärme

Bezeichnung	Lage des Radianten	Zeitraum des Schwarms	Maximum	Stündliche Häufigkeit der Meteore	Herkunft
Draconiden	Drache	9. Okt.	9. Okt.	>100	Komet 1933 III
Andromediden	Andromeda	18. Nov. – 26. Nov.	23. Nov.	100	Komet Biela

Die Draconiden zeigten beachtliche Schauer in den Jahren 1933 und 1946, die Andromediden 1872 und 1885 und treten heute überhaupt nicht mehr auf.
Auch die Leoniden (s. obere Liste) zeigten gelegentlich verstärkte Schauer, und zwar 1799, 1833, 1866 und 1966.

Wichtige Tagesmeteorströme (mit Radar festgestellt)

Bezeichnung	Lage des Radianten	Zeitraum des Schwarms	Maximum	Stündliche Häufigkeit der Meteore	Herkunft
Arietiden	Widder	30. Mai – 14. Juni	7. Juni	40	ekliptikal?
ξ Perseiden	Perseus	2. Juni – 13. Juni	7. Juni	30	ekliptikal?
β Tauriden	Stier	20. Juni – 10. Juli	1. Juli	20	Komet Encke

Einteilung der Meteoriten

Steinmeteorite		Eisenmeteorite	
Chondrite	aus kleinen Kügelchen (Chondren) aufgebaut	Lithosiderite	Übergang von Stein- zu Eisenmeteoriten
Achondrite	Chondren fehlen		Eisen überwiegt
Siderolithe	Übergang von Stein- zu Eisenmeteoriten Silikate überwiegen	Hexaedrite	Hexaederförmige Spaltbarkeit
		Oktaedrite	Oktaederförmige Spaltbarkeit
		Ataxite	ohne Struktur

Von den Eisenmeteoriten zeigen beim Ätzen die Hexaedrite „Neumannsche Linien", die Oktaedrite „Widmannstättensche Figuren". Diese sind auf ein bestimmtes kristallines Gefüge der Meteoriten zurückzuführen. Die Lithosiderite und Ataxite zeigen keine derartigen Strukturen. Diese Typen sind jedoch weitaus seltener.

Die chemische Zusammensetzung der Meteoriten

Steinmeteorite:

Element	Anteil in %	Element	Anteil in %	Element	Anteil in %
Sauerstoff	35.71	Kalzium	1.73	Kalium	0.17
Eisen	23.31	Nickel	1.53	Kohlenstoff	0.15
Silizium	18.07	Aluminium	1.52	Kobalt	0.12
Magnesium	13.67	Natrium	0.65	Phosphor	0.11
Schwefel	1.80	Chrom	0.32	Titan	0.11

Eisenmeteorite:

Element	Anteil in %	Element	Anteil in %	Element	Anteil in %
Eisen	89.70	Kupfer	0.04	Kohlenstoff	0.12
Nickel	9.10	Phosphor	0.18	Schwefel	0.08
Kobalt	0.62				

Das Alter der Meteoriten

Die Mittelwerte, abgeleitet aus Messungen der Mengenverhältnisse radioaktiver Ausgangskerne (z. B. Uran 238, Thorium 232 oder Kalium 40) und deren Zerfallsprodukte (z. B. Blei 206, Helium 4, Argon 40 oder Calcium 40), liegen bei 4,6 Milliarden Jahren, entsprechend dem Alter des Sonnensystems.

Die wichtigsten Meteoritenfälle und -funde

E = Eisenmeteorit, S = Steinmeteorit. Eingeklammerte Jahre: Funde

Meteorit	Falldatum	Gewicht kg	Meteorit	Falldatum	Gewicht kg
Furnas, USA (S)	18.2.1948	1 073	Ensisheim, Elsaß (E)	16.11.1492	127
Bjurböle, Finnland (S)	12.3.1899	330	Long Island (S)	(1891)	564
Paragould, USA (S)	17.2.1930	408	Hoba, SW-Afrika (E)	(1920)	60 000
Cape York, Grönland (E)	(1895)	59.5?	Bacubirito, Mexiko (E)	(1871)	27 000
Willamette, USA (E)	(1902)	14 175	Chupaderos, Mexiko (E)	(1852)	14 000
Otumpa, Argentinien (E)	(1783)	13 600	Mbosi, O-Afrika (E)	(1930)	26 000?
Morito, Mexiko (E)	(1600)	11 000	Bendego, Brasilien (E)	(1784)	5 360
Cranbourne, Australien (E)	(1854)	3 500	Sichote Alin, UdSSR (E)	12.2.1947	1 745
Jungtsi, China (S)	8.5.1976	1 770	Bitburg, Dtschl. (E/S)	(1802)	1 600

Die wichtigsten Meteoritenkrater auf der Erde

Lage des Kraters	Entdeckungs-jahr	Zahl der Krater	Durchmesser in m	Innere Wallhöhe in m	Bemerkungen
Cañon Diablo, Arizona	1891	1	1260	175	Eisen gefunden
Odessa, USA	1921	1	170	4	Eisen gefunden
Dalgaranga, Australien	1923	1	70	5	Eisen gefunden
Ösel, Estland	1927	9	110	15	Eisen gefunden
Campo del Cielo, Argentinien	1933	einige	75	?	Eisen gefunden
Henbury, Australien	1931	13	200 x 110	15	Eisen gefunden
Wabar, Arabien	1932	2	100	12	Kieselglas gef.
Brenham, USA	1933	1	17 x 11	3	Eisen gefunden
Boxhole, Australien	1937	1	175	15	Eisen gefunden
Wolf Creek, Australien	1947	1	854	52	Eisen gefunden
Le Clot, Frankreich	1950	6	220	50	
Chubb-Krater, Kanada	1950	1	3400	380	
Salt Pan, Pretoria		1	1040	90	
Östliches Pamirgebiet	1952	2	80	15	
Deep Bay-Krater, Kanada		1	9500	210	unsicher
Holleford-Krater, Kanada		1	2500		unsicher
Talemzame-Krater, Algerien		1	1750		unsicher
Nördlinger Ries, Dtschl.		1	23000	200	Alter 15 Mill. Jahre
Steinheim, Dtschl.		1	3500	100	Alter 15 Mill. Jahre
Sichote Alin, UdSSR	1947	106	28	6	Fall beobachtet

Der Fall vom 30.6.1908 in der steinigen Tunguska, Sibirien, führte zur Vernichtung eines 3 885 km² großen Waldgebietes, dürfte aber vermutlich auf das Eindringen eines kleinen Kometenkerns oder eines Apollo-Asteroiden zurückzuführen sein.

Das Zodiakallicht

Helligkeit im Winkelabstand von 10 bis 180° von der Sonne (ausgedrückt durch die Zahl der Sterne 10. Größe, die auf 1 Quadratgrad gleichmäßig verteilt die Flächenhelligkeit des Zodiakallichts ergeben würden):

Abstand	10°	20°	30°	40°	50°	60°	70°	90°	110°	130°	150°	170°	180°
Helligkeit	20 000	4 000	1 500	900	600	450	330	210	150	130	140	170	200

           Hauptkegel   Gegenschein

Ursache des Leuchtens: Reflexion und Streuung des Sonnenlichts an Staubteilchen und Elektronen

Durchmesser der Teilchen, die am kräftigsten das Sonnenlicht streuen: 0.004 cm

Gesamtmasse des interplanetaren Staubs innerhalb der Erdbahn $\sim 5.10^{19}$ g

DIE STERNE

Die Umgebung unserer Sonne bis zu 16 Lichtjahren Entfernung

Nr.	Name des Sterns*	Sternbild	Entfernung Parallaxe	in Lj	Eigenbewegung im Jahr	PW	RG km/s
1	α Centauri	Centaur	0."751	4.3	3."68	281°	− 22
2	Barnards Stern	Ophiuchus	0."545	6.0	10."30	356°	−108
3	Wolf 359	Löwe	0."427	7.6	4."84	235°	+ 13
4	Luyten 726–8	Walfisch	0."410	7.9	3."35	80°	+ 29
5	Lalande 21185	Großer Bär	0."398	8.2	4."78	187°	− 86
6	Sirius	Großer Hund	0."375	8.7	1."32	204°	− 8
7	Ross 154	Schütze	0."351	9.3	0."67	106°	− 4
8	Ross 248	Andromeda	0."316	10.3	1."58	176°	− 81
9	ε Eridani	Eridanus	0."303	10.8	0."97	272°	+ 15
10	Ross 128	Jungfrau	0."298	10.9	1."40	153°	− 13
11	Luyten 789–6	Wassermann	0."298	10.9	3."27	45°	− 60
12	61 Cygni	Schwan	0."292	11.2	5."22	52°	− 64
13	Prokyon	Kleiner Hund	0."288	11.3	1."25	214°	− 3
14	ε Indi	Inder	0."285	11.4	4."67	123°	− 40
15	Σ 2398	Drache	0."280	11.6	2."29	324°	+ 1
16	Groombridge 34	Andromeda	0."278	11.7	2."91	82°	+ 14
17	τ Ceti	Walfisch	0."275	11.8	1."92	297°	− 16
18	Lacaille 9352	Südl. Fisch	0."273	11.9	6."87	79°	+ 10
19	BD 5°1668	Kleiner Hund	0."263	12.4	3."73	171°	+ 26
20	Lacaille 8760	Mikroskop	0."255	12.8	3."46	251°	+ 21
21	Kapteyns Stern	Maler	0."251	13.0	8."79	131°	+242
22	Krüger 60	Cepheus	0."249	13.1	0."87	245°	− 24
23	Ross 614	Einhorn	0."248	13.1	0."97	135°	+ 24
24	BD −12°4523	Ophiuchus	0."244	13.4	1."24	186°	− 13
25	van Maanens St.	Fische	0."236	13.8	2."98	155°	+ 26
26	Wolf 424	Jungfrau	0."223	14.6	1."87	278°	− 5
27	Groombridge 1618	Großer Bär	0."222	14.7	1."45	250°	− 27
28	CD −37°15492	Bildhauer	0."219	14.9	6."09	112°	+ 24
29	BD −21°6267	Wassermann	0."219	14.9	0."60	110°	− 8
30	CD −46°11540	Altar	0."213	15.3	1."15	148°	?
31	BD +20°2465	Löwe	0."213	15.3	0."49	258°	+ 10
32	CD −44°11909	Skorpion	0."209	15.6	1."14	217°	?
33	CD −49°13515	Inder	0."209	15.6	0."78	185°	?
34	AOe 17415–6	Drache	0."206	15.8	1."31	194°	− 17
35	Ross 780	Wassermann	0."206	15.8	1."12	123°	+ 9
36	CC 658	Schiffskiel	0."203	16.0	2."69	97°	?
37	Lalande 25372	Bootes	0."202	16.1	2."30	129°	+ 15
38	o² Eridani	Eridanus	0."201	16.3	4."08	213°	− 42
39	70 Ophiuchi	Ophiuchus	0."201	16.3	1."13	167°	− 7
40	Atair	Adler	0."198	16.5	0."66	54°	− 26

*Die Buchstaben und Zifferngruppen weisen auf bestimmte Sternkataloge hin.

Anmerkungen: Die Spalten A, B und C weisen auf die einzelnen Komponenten in einem Doppel- oder Mehrfachsystem hin. Ein + bedeutet, daß der betreffende Begleiter unsichtbar ist und nur indirekt aus Bahnstörungen, die er auf andere Komponenten ausübt, vermutet werden kann. Teilweise sind diese Begleiter allerdings stark umstritten.

Nr.	Scheinbare Helligkeit			Absolute Helligkeit			Spektrum			Leuchtkraft (Sonne = 1)		
	A	B	C	A	B	C	A	B	C	A	B	C
1	$0\overset{m}{.}0$	$1\overset{m}{.}4$	$10\overset{m}{.}7$	$4\overset{m}{.}4$	$5\overset{m}{.}8$	$15\overset{m}{.}1$	G2	K5	M5	1.32	0.36	0.000069
2	$9\overset{m}{.}5$	+		$13\overset{m}{.}2$	+		M5	+		0.00040	+	
3	$13\overset{m}{.}7$			$16\overset{m}{.}8$			M6			0.000014		
4	$12\overset{m}{.}5$	$13\overset{m}{.}0$		$15\overset{m}{.}2$	$15\overset{m}{.}9$		M6	M6		0.00006	0.00003	
5	$7\overset{m}{.}5$	+		$10\overset{m}{.}5$	+		M2	+		0.0048		
6	$-1\overset{m}{.}5$	$8\overset{m}{.}7$		$1\overset{m}{.}4$	$11\overset{m}{.}5$		A1	A5		20.9	0.0019	
7	$10\overset{m}{.}6$			$13\overset{m}{.}3$			M4			0.00036		
8	$12\overset{m}{.}2$			$14\overset{m}{.}7$			M6			0.00010		
9	$3\overset{m}{.}8$			$6\overset{m}{.}2$			K2			0.25		
10	$11\overset{m}{.}1$			$13\overset{m}{.}5$			M5			0.00030		
11	$12\overset{m}{.}6$			$14\overset{m}{.}9$			M6			0.00008		
12	$5\overset{m}{.}2$	$6\overset{m}{.}0$	+	$7\overset{m}{.}6$	$8\overset{m}{.}4$	+	K5	K7	+	0.069	0.033	
13	$0\overset{m}{.}5$	$10\overset{m}{.}8$		$2\overset{m}{.}8$	$13\overset{m}{.}1$		F5	F		5.8	0.00044	
14	$4\overset{m}{.}7$			$7\overset{m}{.}0$			K5			0.12		
15	$8\overset{m}{.}9$	$9\overset{m}{.}7$		$11\overset{m}{.}1$	$11\overset{m}{.}9$		M4	M5		0.0028	0.0013	
16	$8\overset{m}{.}1$	$11\overset{m}{.}0$		$10\overset{m}{.}3$	$13\overset{m}{.}3$		M1	M6		0.0058	0.00036	
17	$3\overset{m}{.}5$			$5\overset{m}{.}7$			G8			0.398		
18	$7\overset{m}{.}4$			$9\overset{m}{.}6$			M2			0.011		
19	$10\overset{m}{.}1$			$12\overset{m}{.}2$			M4			0.0010		
20	$6\overset{m}{.}7$			$8\overset{m}{.}7$			M0			0.025		
21	$8\overset{m}{.}8$			$10\overset{m}{.}8$			M0			0.0036		
22	$9\overset{m}{.}8$	$11\overset{m}{.}4$		$11\overset{m}{.}8$	$13\overset{m}{.}4$		M3	M4		0.0014	0.00033	
23	$11\overset{m}{.}1$	$14\overset{m}{.}8$		$13\overset{m}{.}1$	$16\overset{m}{.}8$		M4	?		0.0044	0.000014	
24	$10\overset{m}{.}1$			$12\overset{m}{.}1$			M4			0.0011		
25	$12\overset{m}{.}3$			$14\overset{m}{.}2$			F3			0.00016		
26	$12\overset{m}{.}7$	$12\overset{m}{.}7$		$14\overset{m}{.}4$	$14\overset{m}{.}4$		M7	M7		0.00013	0.00013	
27	$6\overset{m}{.}6$			$8\overset{m}{.}3$			M0			0.036		
28	$8\overset{m}{.}6$			$10\overset{m}{.}3$			M3			0.0058		
29	$9\overset{m}{.}0$	$11\overset{m}{.}0$		$11\overset{m}{.}0$	$12\overset{m}{.}7$		M2	M		0.0030	0.0007	
30	$9\overset{m}{.}3$			$10\overset{m}{.}0$			M4			0.0076		
31	$9\overset{m}{.}4$	+		$11\overset{m}{.}1$	+		M4	+		0.0028		
32	$11\overset{m}{.}2$			$12\overset{m}{.}8$			M5			0.00058		
33	$8\overset{m}{.}9$			$10\overset{m}{.}5$			M3			0.0048		
34	$9\overset{m}{.}1$			$10\overset{m}{.}7$			M3			0.0040		
35	$10\overset{m}{.}2$			$11\overset{m}{.}8$			M5			0.0014		
36	$12\overset{m}{.}5$			$14\overset{m}{.}0$			A			0.00019		
37	$8\overset{m}{.}5$			$10\overset{m}{.}1$			M4			0.0069		
38	$4\overset{m}{.}5$	$9\overset{m}{.}5$	$11\overset{m}{.}0$	$6\overset{m}{.}0$	$11\overset{m}{.}0$	$12\overset{m}{.}5$	K1	A	M4	0.30	0.0030	0.0008
39	$4\overset{m}{.}2$	$5\overset{m}{.}9$	+	$5\overset{m}{.}7$	$7\overset{m}{.}4$	+	K1	K5	+	0.40	0.083	+
40	$0\overset{m}{.}8$			$2\overset{m}{.}4$			A7			8.3		

Die scheinbar hellsten Sterne

Stern	Sternbild	Paral-laxe	Entf. Lj.	EB p.J.	EB PW	RG km/s	m	M	Sp.	Bem.
α CMa	Großer Hund	0",375	9	1",32	204°	− 8	−1^{m}5	1^{m}4	A1	D
α Car	Schiffskiel	0",028	117	0",02	56°	+20	−0^{m}8	−3^{m}1	F0	
α Cen	Centaur	0",751	4	3",68	281°	−22	0^{m}0	4^{m}4	G2	3f (−0^{m}3)
α Boo	Bootes	0",091	35	2",29	209°	− 5	0^{m}0	−0^{m}2	K1	
α Lyr	Leier	0",133	26	0",35	36°	−13	0^{m}0	0^{m}5	A0	
α Aur	Fuhrmann	0",071	42	0",44	168°	+30	0^{m}1	0^{m}3	G5	sD
β Ori	Orion	0",004	900	<0",01	135°	+24	0^{m}1	−6^{m}8	B8	3f
α CMi	Kleiner Hund	0",292	11	1",24	214°	− 3	0^{m}4	2^{m}6	F5	D
α Eri	Eridanus	0",038	85	0",09	108°	+19	0^{m}5	−1^{m}6	B5	
α Ori	Orion	0",011	310	0",03	74°	+21	0^{m}5	−5^{m}6	M2	var.
β Cen	Centaur	0",007	455	0",04	220°	−12	0^{m}6	−5^{m}1	B1	
α Aql	Adler	0",198	16	0",66	54°	−26	0^{m}8	2^{m}2	A7	
α Tau	Stier	0",048	68	0",21	160°	+54	0^{m}8	−0^{m}3	K5	
α Vir	Jungfrau	0",012	255	0",05	229°	+ 2	1^{m}0	−3^{m}5	B1	sD
α Sco	Skorpion	0",010	325	0",03	192°	− 3	1^{m}0	−4^{m}7	M1	D, var.
β Gem	Zwillinge	0",091	36	0",62	264°	+ 4	1^{m}1	0^{m}2	K0	
α PsA	Südl. Fisch	0",149	22	0",37	117°	+ 7	1^{m}2	2^{m}0	A3	
α Cyg	Schwan	0",002	1800	0",00	–	− 5	1^{m}2	−7^{m}5	A2	
α Leo	Löwe	0",038	85	0",25	269°	+ 3	1^{m}3	−0^{m}6	B7	D
β Cru	Kreuz	0",008	420	0",05	240°	+20	1^{m}3	−5^{m}0	B0	
α Cru	Kreuz	0",009	360	0",05	228°	− 7	1^{m}4	−3^{m}9	B1	4f (0^{m}9)
ε CMa	Großer Hund	0",007	490	0",01	135°	+27	1^{m}5	−4^{m}4	B2	D
γ Cru	Kreuz	0",037	88	0",27	176°	+21	1^{m}6	−0^{m}5	M3	
λ Sco	Skorpion	0",012	270	0",04	180°	0	1^{m}6	−3^{m}0	B2	sD
γ Ori	Orion	0",009	360	0",02	200°	+18	1^{m}6	−3^{m}6	B2	
ε Ori	Orion	0",003	1200	<0",01	180°	+26	1^{m}7	−6^{m}2	B0	
β Tau	Stier	0",025	130	0",18	169°	+ 8	1^{m}7	−1^{m}6	B7	
β Car	Schiffskiel	0",038	85	0",19	301°	− 5	1^{m}7	−0^{m}6	A0	
ε UMa	Großer Bär	0",047	70	0",12	95°	−12	1^{m}8	0^{m}2	A0	sD
α Per	Perseus	0",005	620	0",04	132°	− 2	1^{m}8	−4^{m}6	F5	
α UMa	Großer Bär	0",043	75	0",14	240°	− 9	1^{m}8	0^{m}2	K0	D
η UMa	Großer Bär	0",030	108	0",12	260°	−11	1^{m}9	−1^{m}7	B3	
α TrA	Südl. Dreieck	0",059	55	0",04	148°	− 4	1^{m}9	−0^{m}1	K2	
γ Gem	Zwillinge	0",038	85	0",07	136°	−11	1^{m}9	0^{m}0	A0	sD
ε Sgr	Schütze	0",038	85	0",14	198°	−11	1^{m}9	−0^{m}3	B9	
δ CMa	Großer Hund	0",001	3000	<0",01	292°	+34	1^{m}9	−8^{m}0	F8	
ϑ Sco	Skorpion	0",004	910	0",01	110°	+ 1	1^{m}9	−5^{m}6	F0	
δ Vel	Segel	0",048	68	0",09	170°	+ 2	2^{m}0	0^{m}6	A0	3f
α Gem	Zwillinge	0",071	46	0",21	237°	+ 4	2^{m}0	1^{m}1	A1	6f (1^{m}6)
ζ Ori	Orion	0",003	1100	0",01	131°	+19	2^{m}0	−5^{m}7	B0	D
β CMa	Großer Hund	0",005	720	<0",01	270°	+34	2^{m}0	−4^{m}8	B1	sD
β Aur	Fuhrmann	0",045	72	0",05	264°	−18	2^{m}0	0^{m}6	A2	sD
α Pav	Pfau	0",014	230	0",09	177°	+ 2	2^{m}0	−2^{m}3	B3	sD
α UMi	Kleiner Bär	0",011	300	0",04	95°	−17	2^{m}0	−3^{m}2	F8	D, var.

Lj = Entfernung in Lichtjahren, EB = Eigenbewegung, angegeben ist der jährliche Betrag und der Positionswinkel PW. RG = Radialgeschwindigkeit. Sp = Spektralklasse. Unter Bem. (Bemerkungen) bedeutet D = Doppelstern, sD = spektroskopischer Doppelstern, var. = veränderlicher Stern, 3f = 3facher Stern usw.
Bei Doppelsternen ist die Helligkeit des Hauptsterns angegeben. Weicht die Gesamthelligkeit stark davon ab, so ist diese in der Spalte Bem. in Klammern angegeben.

Eigenbewegung und Radialgeschwindigkeit

Häufigkeitsverteilung der EB

Jährliche EB	Anzahl
0″00 bis 0″01	84 %
0″01 bis 0″02	10 %
0″02 bis 0″03 } 0″03 bis 0″04	5 %
0″04 bis 0″05 } 0″05 bis 0″10	>1 %
>0.10	<1 %

Häufigkeitsverteilung der RG

RG in km/s	Anzahl
± 0 bis ±10	32 %
±10 bis ±20	27 %
±20 bis ±30	19 %
±30 bis ±40	10 %
±40 bis ±50	6 %
±50 bis ±60	2 %
>±60	4 %

Die 10 größten Eigenbewegungen

Sternname	m	jährl. EB
Barnards Pfeilstern	9^m5	10″34
Kapteyns Stern	8^m8	8″72
Groombridge 1830	6^m5	7″04
Lacaille 9352	7^m4	6″90
Cordoba 32416	8^m3	6″11
Ross 619	12^m5	5″40
61 Cygni	5^m2	5″20
Lalande 21185	7^m6	4″78
Wolf 359	13^m5	4″72
ε Indi	4^m7	4″69

Die 10 größten Radialgeschwindigkeiten

Sternname	m	RG in km/s
BD −29°2277	12^m0	+543
BD +21°607	9^m7	+339
HD 214539	7^m4	+333
VX Herculis	var	−405
BD +2°3375	10^m4	−389
HD 232078	10^m3	−387
BD +20°5071	8^m8	−383
HD 161817	7^m1	−363
TU Persei	var	−350
HD 6755	8^m4	−320

Sonnenbewegung

In bezug auf die Nachbarsterne, mit Ausnahme der Schnelläufer

Sonnengeschwindigkeit $\qquad$ 19.7 km/s = 2.02 · 10^{-5} pc/Jahr = 4.15 AE/Jahr
Sonnenapex (Zielpunkt) $\qquad$ α = 271°, δ = +30° für 1900.0 (im Herkules)

Modellvorstellung der Umgebung der Sonne

Maßstab 1:100 Milliarden (1 Million km ≙ 1 cm)

Gestirn	Entfernung von der Sonne	Gestirn	Entfernung von der Sonne
Erde	1.50 m	ε Eridani	1020 km
Jupiter	7.78 m	Ross 128	1040 km
Pluto	59.00 m	Luyten 789–6	1040 km
α Centauri	410 km	61 Cygni	1060 km
Barnards Pfeilstern	570 km	Prokyon	1070 km
Wolf 359	720 km	ε Indi	1080 km
Luyten 726–8	750 km	Σ 2398	1100 km
Lalande 21185	780 km	Groombridge 34	1110 km
Sirius	820 km	τ Ceti	1120 km
Ross 154	880 km	Lacaille 9352	1130 km
Ross 248	980 km	BD +5°1668	1180 km

Spektralklassen

Q	Novae
P	Planetarische Nebel (Spektrum mit Emissionslinien)
W	Wolf-Rayet-Sterne (breite Emissionslinien von Wasserstoff H, Helium He, ionisiertem Helium He^+, sehr intensives Kontinuum)
O	Sehr heiße Sterne (Absorptionslinien von He^+, intensives Kontinuum, vor allem im blauen Bereich)
B	Heiße Sterne (Absorptionslinien von He, H und ionisiertem Sauerstoff O^+)
A	Ziemlich heiße Sterne (Absorptionslinien von H, Linien H und K des ionisierten Calciums Ca^+, Metallinien)
F	Sterne, etwas heißer als Sonne (Linien von Ca^+ sehr stark, Linien von H schwächer, Linien von Eisen Fe, Titan Ti, neutralem Calcium Ca als „G-Band" dicht benachbart, Metallinien verstärkt)
G	Wie Sonne (Linien von Ca^+ am stärksten, Linien von H schwach, Metallinien weiter verstärkt)
K	Sterne, etwas kühler als Sonne (Metallinien vorherrschend, „G-Band" am stärksten, Banden von Titanoxid TiO treten auf, kurzwelliges Ende des Kontinuums abgeschwächt)
M	Kühle Sterne (Banden von TiO sehr stark, kurzwelliges Ende sehr schwach)
R und N	Kühle Sterne (Banden von Cyan CN und Kohlenmonoxid CO)
S	Kühle Sterne (Banden von Zirkonoxid ZrO)

Die Spektralklassen werden durch angehängte Indizes von 0 bis 9 noch weiter unterteilt, z. B. B8 oder G2.

Zusätzliche Kennzeichen:

n diffuse Absorptionslinien
e Emissionslinien
s scharfe Absorptionslinien
c äußerst scharfe Absorptionslinien

p Spektrum zeigt irgendwelche Besonderheiten
g (giant) Riesenstern
d (dwarf) Zwergstern, sd (subdwarf) Unterzwerg
k interstellare Calciumlinien

Diese zusätzlichen Kennzeichen werden der Spektralklasse angehängt oder vorangestellt, z. B. B3n, gG7.

Spektral- und Leuchtkraftklassen

Leuchtkraftklasse MK-System nach Morgan und Keenan	Beispiele
I Überriesen (Ia, Ib und c-Sterne)	B0 I cB0
II helle Riesen	B5 II
III Riesen	G0 III gG0
IV Unterriesen	G5 IV
V Hauptreihensterne, Zwerge	G0 V dG0
(VI) Unterzwerge	sd K5
(VII) Weiße Zwerge	d A4

Sternrotation

Spektral-Typ	Äquatorialrotations-geschwindigkeit (km/s)		Häufigkeit der Äquatorialrotationsgeschwindigkeit (km/s) in Prozent					
	Maximum	Mittel	0 bis 50	100	150	200	250	300 bis 500
Oe, Be	500	350	0	0	0	1	3	18	78
O, B	250	94	21	51	20	6	2	0	0
A	290	112	22	24	22	22	9	1	0
F0–F2	250	51	30	50	15	4	1	0	0
F5–F8	70	20	80	20	0	0	0	0	0
G, K, M	5	0	100	0	0	0	0	0	0

Spektraltypen, Leuchtkraftklassen und absolute visuelle Helligkeiten

Spektral-typ	Ia	Ib	II	III	IV	V	Unter-Zwerge	Weiße Zwerge	Population II Horiz. Ast	Roter Ast
O5	$-6\overset{\text{m}}{.}4$			$-5\overset{\text{m}}{.}4$		$-5\overset{\text{m}}{.}7$				
B0	$-6\overset{\text{m}}{.}7$	$-6\overset{\text{m}}{.}1$	$-5\overset{\text{m}}{.}4$	$-5\overset{\text{m}}{.}0$	$-4\overset{\text{m}}{.}7$	$-4\overset{\text{m}}{.}1$		$+10\overset{\text{m}}{.}2$		
B5	$-6\overset{\text{m}}{.}9$	$-5\overset{\text{m}}{.}7$	$-4\overset{\text{m}}{.}3$	$-2\overset{\text{m}}{.}4$	$-1\overset{\text{m}}{.}8$	$-1\overset{\text{m}}{.}1$		$+10\overset{\text{m}}{.}7$	$+2\overset{\text{m}}{.}3$	
A0	$-7\overset{\text{m}}{.}1$	$-5\overset{\text{m}}{.}3$	$-3\overset{\text{m}}{.}1$	$-0\overset{\text{m}}{.}2$	$+0\overset{\text{m}}{.}1$	$+0\overset{\text{m}}{.}7$		$+11\overset{\text{m}}{.}3$	$+0\overset{\text{m}}{.}8$	
A5	$-7\overset{\text{m}}{.}7$	$-4\overset{\text{m}}{.}9$	$-2\overset{\text{m}}{.}6$	$+0\overset{\text{m}}{.}5$	$+1\overset{\text{m}}{.}4$	$+2\overset{\text{m}}{.}0$		$+12\overset{\text{m}}{.}2$	$+0\overset{\text{m}}{.}5$	
F0	$-8\overset{\text{m}}{.}2$	$-4\overset{\text{m}}{.}7$	$-2\overset{\text{m}}{.}3$	$+1\overset{\text{m}}{.}2$	$+2\overset{\text{m}}{.}0$	$+2\overset{\text{m}}{.}6$		$+12\overset{\text{m}}{.}9$	$+0\overset{\text{m}}{.}4$	
F5	$-7\overset{\text{m}}{.}7$	$-4\overset{\text{m}}{.}7$	$-2\overset{\text{m}}{.}2$	$+1\overset{\text{m}}{.}4$	$+2\overset{\text{m}}{.}3$	$+3\overset{\text{m}}{.}4$	$+4\overset{\text{m}}{.}8$	$+13\overset{\text{m}}{.}6$	$+0\overset{\text{m}}{.}4$	$+4\overset{\text{m}}{.}8$
G0	$-7\overset{\text{m}}{.}5$	$-4\overset{\text{m}}{.}7$	$-2\overset{\text{m}}{.}1$	$+1\overset{\text{m}}{.}1$	$+2\overset{\text{m}}{.}9$	$+4\overset{\text{m}}{.}4$	$+5\overset{\text{m}}{.}7$	$+14\overset{\text{m}}{.}3$	$+0\overset{\text{m}}{.}3$	$+4\overset{\text{m}}{.}1$
G5	$-7\overset{\text{m}}{.}5$	$-4\overset{\text{m}}{.}7$	$-2\overset{\text{m}}{.}1$	$+0\overset{\text{m}}{.}7$	$+3\overset{\text{m}}{.}1$	$+5\overset{\text{m}}{.}1$	$+6\overset{\text{m}}{.}4$	$+14\overset{\text{m}}{.}9$	$-0\overset{\text{m}}{.}1$	$+2\overset{\text{m}}{.}0$
K0	$-7\overset{\text{m}}{.}5$	$-4\overset{\text{m}}{.}6$	$-2\overset{\text{m}}{.}1$	$+0\overset{\text{m}}{.}5$	$+3\overset{\text{m}}{.}2$	$+5\overset{\text{m}}{.}9$	$+7\overset{\text{m}}{.}3$	$+15\overset{\text{m}}{.}3$	$-0\overset{\text{m}}{.}6$	$-0\overset{\text{m}}{.}2$
K5	$-7\overset{\text{m}}{.}5$	$-4\overset{\text{m}}{.}6$	$-2\overset{\text{m}}{.}2$	$-0\overset{\text{m}}{.}2$		$+7\overset{\text{m}}{.}3$	$+8\overset{\text{m}}{.}4$	$+15^{\text{m}}$	$-2\overset{\text{m}}{.}2$	$-2\overset{\text{m}}{.}2$
M0	$-7\overset{\text{m}}{.}5$	$-4\overset{\text{m}}{.}6$	$-2\overset{\text{m}}{.}3$	$-0\overset{\text{m}}{.}4$		$+9\overset{\text{m}}{.}0$	$+10^{\text{m}}$	$+15^{\text{m}}$	-3^{m}	-3^{m}
M2	-7^{m}		$-2\overset{\text{m}}{.}4$	$-0\overset{\text{m}}{.}6$		$+10\overset{\text{m}}{.}0$	$+12^{\text{m}}$			
M5			$-0\overset{\text{m}}{.}8$			$+11\overset{\text{m}}{.}8$	$+14^{\text{m}}$			
M8						$+16^{\text{m}}$	$+16^{\text{m}}$			

Der Zusammenhang zwischen Spektraltyp, Temperatur und Farbe

Spektral-typ	Effekt. Temperatur Zwerge	Riesen	Farbe	Farbindex Zwerge	Riesen	Ungefähre Beispiele
O5	40 000 K		blauweiß	$-0\overset{\text{m}}{.}35$		ι Orionis, ζ Puppis
B0	28 000 K		weiß	$-0\overset{\text{m}}{.}31$		Spika, δ Orionis
A0	9 900 K		hellgelb	$0\overset{\text{m}}{.}00$		Sirius, Wega, γ Ursae maioris
F0	7 400 K		reingelb	$+0\overset{\text{m}}{.}27$		Kanopus, ι Aquilae
G0	6 030 K	5 600 K	tiefgelb	$+0\overset{\text{m}}{.}58$	$+0\overset{\text{m}}{.}65$	Kapella, Sonne
K0	4 900 K	4 500 K	rötlichgelb	$+0\overset{\text{m}}{.}89$	$+1\overset{\text{m}}{.}07$	Arktur, γ Leonis, ε Cygni
M0	3 480 K	3 200 K	rot	$+1\overset{\text{m}}{.}45$	$+1\overset{\text{m}}{.}60$	Beteigeuze, Antares, β Andromedae

Unter Farbindex wird hier die Differenz zwischen blauer und visueller Helligkeit (B−V) verstanden. Unter Riesen gilt hier Leuchtkraftklasse III.

Der Zusammenhang zwischen Spektraltyp, Masse, Radius, Dichte und Schwerebeschleunigung. (Sonne = 1)

Spektraltyp	$\mathfrak{M}$	$\mathfrak{R}$	ρ	$\mathfrak{g}$	Spektraltyp	$\mathfrak{M}$	$\mathfrak{R}$	ρ	$\mathfrak{g}$
O8	23	8.5	0.02	0.2	gF0	2.5	5	0.04	0.2
B0	18	7.4	0.04	0.3	gG0	1.0	6	0.01	0.07
A0	2.9	2.4	0.2	0.5	gK0	1.1	15	0.0009	0.01
dF0	1.6	1.5	0.7	1.0	gM0	1.2	40	0.00009	0.003
dG0	1.1	1.1	1.0	1.0	B0I	50	20	0.006	0.1
dK0	0.8	0.8	1.6	1.1	A0I	16	40	0.0002	0.01
dM0	0.5	0.6	2	1.2	F0I	12	60	0.00005	0.003
					dA	0.6	0.013	300 000	3000

Unter Riesen ist hier die Leuchtkraftklasse III zu verstehen.

Masse – Leuchtkraft-Beziehung

M_{bol} = absolute bolometrische Helligkeit
$\mathfrak{L}$ und $\mathfrak{M}$ = Leuchtkraft und Masse in Einheiten der Sonne

Die Tabelle gilt nur für Hauptreihensterne.

M_{bol}	$\mathfrak{L}$	$\mathfrak{M}$	M_{bol}	$\mathfrak{L}$	$\mathfrak{M}$	M_{bol}	$\mathfrak{L}$	$\mathfrak{M}$	M_{bol}	$\mathfrak{L}$	$\mathfrak{M}$
12^m	0.001	0.12	6^m	0.28	0.62	0^m	71	3.09	-6^m	18 000	14
10^m	0.008	0.21	4^m	1.80	1.05	-2^m	445	5.13	-8^m	150 000	32
8^m	0.048	0.36	2^m	11.4	1.78	-4^m	2800	8.32			

Radien besonders großer Sterne (Sonne = 1)

Sternname	$\mathfrak{R}$	Sternname	$\mathfrak{R}$
μ Geminorum	120–230	α Leonis	38
α Herculis	680	β Orionis	120
o Ceti	390	β Pegasi	105
α Orionis	730–1000	α Tauri	45
α Scorpii	390	α Bootis	26

Zentraltemperaturen der Sterne

Spektraltyp	B0	A0	dF0	dG0	dK0	dM0	Rote Riesen	Weiße Zwerge
Temperatur in Mio. K	34	22	19	16	12	8	40–1000	8

Ungefähre Verweilzeit auf der Hauptreihe

Spektraltyp	O5	B0	A0	F0	G0	K0
Verweilzeit in Mio. Jahren	1	12	350	2400	8000	10 000

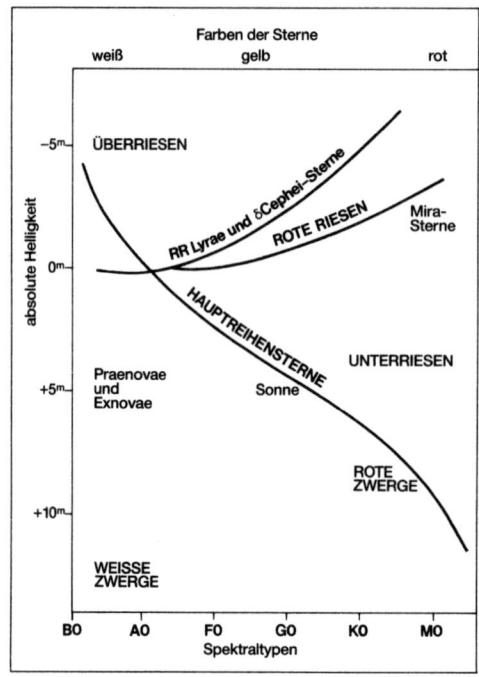

Farben der Sterne

weiß   gelb   rot

ÜBERRIESEN

RR Lyrae und δCephei-Sterne

ROTE RIESEN

Mira-Sterne

absolute Helligkeit

HAUPTREIHENSTERNE

UNTERRIESEN

Praenovae und Exnovae

Sonne

ROTE ZWERGE

WEISSE ZWERGE

BO   AO   FO   GO   KO   MO

Spektraltypen

Entwicklung der Sterne

Die Entwicklung der Sterne kann man am besten im sog. Hertzsprung-Russell-Diagramm (Farben-Helligkeits-Diagramm) verfolgen. In diesem von den beiden Astronomen Hertzsprung und Russell aufgestellten Diagramm (siehe Zeichnung links) werden die Sterne gemäß ihrer Farben bzw. Spektraltypen und ihrer absoluten Helligkeiten eingetragen. Die meisten Sterne ordnen sich längs der sog. Hauptreihe an, ein weiterer Teil sind „Riesensterne". Einige seltenere Sterntypen sind in dem Diagramm ebenfalls eingetragen.

Schematisches Hertzsprung-Russell-Diagramm (Farben-Helligkeits-Diagramm)

Ein Stern bildet sich durch Kontraktion aus der interstellaren Materie. Durch Temperaturerhöhung im Inneren kommt die eigene Energieerzeugung in Gang (s. S. 18). Es entsteht ein Hauptreihenstern. Aus diesem bildet sich ein roter Riesenstern. Schließlich bricht der Stern zusammen, wobei er häufig die äußersten Schichten gleichzeitig abstößt (Planetarische Nebel, Ringnebel). Es entsteht ein weißer Zwergstern. Bei Sternmassen über 1,4 Sonnenmassen geht der Kollaps zu einem Neutronenstern, bei Massen über etwa 2–3 Sonnenmassen zu einem schwarzen Loch weiter. Der Übergang zu den beiden letztgenannten Zuständen geht mit einer Supernovaexplosion einher.

VERÄNDERLICHE STERNE

Die wichtigsten Typen

Veränderlichen-Typ	Periode, Ursache des Lichtwechsels (HV = Hauptvertreter)
Bedeckungsveränderliche	Enge Doppelsterne, deren Bahnebenen etwa in der Ebene der Blickrichtung Erde – Stern liegen, so daß es zu gegenseitigen Bedeckungen kommt. Auch Sterne mit Rotationslichtwechsel. HV: Algol, β Lyrae.
Klassische Cepheiden	Pulsationslichtwechsel (Periodenlänge zwischen 1 und 70^d). HV: δ Cephei.
RR-Lyrae-Sterne	Kurzperiodische Cepheiden (Periodenlänge zwischen $0.05 - 1.2^d$).
Beta-Canis majoris-Sterne oder Beta-Cephei-Sterne	Pulsation (Periodenlänge $2 - 15^h$).
Delta-Scuti-Sterne	Pulsationen (Periodenlänge $< 0,2^d$).
Mirasterne	Pulsationen (Periodenlänge $80 - 1000^d$). HV: Mira im Walfisch.
RV Tauri-Sterne	Ziemlich unregelmäßige Schwankungen mit durchschnittlichen Perioden zwischen 1 Monat und 2 Jahren. Meist Riesen.
Sonstige Halbregelmäßige und Unregelmäßige	Unregelmäßige Pulsationen.
U Geminorum-Sterne (Zwergnovae)	Plötzliche Helligkeitsausbrüche von Zwergsternen in Abständen von einigen Monaten. Gewisse Ähnlichkeit mit novaähnlichen Veränderlichen.
R Coronae borealis-Sterne	Plötzliche Helligkeitsverminderung in regellosen Abständen.
RW Aurigae-Sterne	Unregelmäßige Helligkeitsschwankungen. Sterne stehen häufig im Zusammenhang mit Sternassoziationen und interstellarer Materie.
Flackersterne (UV Ceti-Sterne)	Plötzliche Ausbrüche roter Zwergsterne innerhalb weniger Minuten. Ursache: Eruptionen, ähnlich denen auf der Sonne, nur wesentlich intensiver.
Novaähnliche Sterne	Häufigere, aber nicht so intensive Lichtausbrüche wie bei den Novae.
Novae	Seltene, aber starke Lichtausbrüche auf das bis zu 100 000-fache. Mitglieder enger Doppelsterne. Durch Überfließen von Wasserstoff eines Partners auf einen älteren Partner (z. B. weißer Zwerg) kommt es zum plötzlichen Zünden des Wasserstoffbrennens.
Supernovae	Noch heftiger als bei Novae. Ursache: Kollaps zum Neutronenstern oder schwarzen Loch.

Cepheiden

Periode in Tagen	absolute Helligkeit visuell	absolute Helligkeit photographisch	Spektrum Maximum	Spektrum Minimum	Farbindex	$\mathfrak{L}$	$\mathfrak{R}$ Sonne = 1	$\mathfrak{M}$
RR-Lyrae-Sterne								
0.25	$0\overset{m}{.}0$	$0\overset{m}{.}0$	A0	A7	$-0\overset{m}{.}03$	80	4.4	4.0
0.40	$-0\overset{m}{.}1$	$0\overset{m}{.}0$	A2	A9	$+0\overset{m}{.}06$	100	5.5	4.2
0.63	$-0\overset{m}{.}2$	$-0\overset{m}{.}1$	A5	F2	$+0\overset{m}{.}14$	125	6.8	4.3
1.00	$-0\overset{m}{.}5$	$-0\overset{m}{.}3$	A7	F3	$+0\overset{m}{.}20$	160	9.6	4.8
Klassische Cepheiden								
2.51	$-2\overset{m}{.}7$	$-2\overset{m}{.}4$	F5	F8	$+0\overset{m}{.}28$	2 000	32	8.3
3.98	$-3\overset{m}{.}1$	$-2\overset{m}{.}7$	F6	G0	$+0\overset{m}{.}41$	3 200	50	8.9
6.31	$-3\overset{m}{.}7$	$-3\overset{m}{.}1$	F6	G3	$+0\overset{m}{.}61$	5 000	63	12
10.0	$-4\overset{m}{.}2$	$-3\overset{m}{.}4$	F7	G5	$+0\overset{m}{.}79$	7 900	125	14
15.8	$-4\overset{m}{.}8$	$-3\overset{m}{.}8$	F7	G8	$+0\overset{m}{.}98$	13 000	200	15
25.1	$-5\overset{m}{.}4$	$-4\overset{m}{.}2$	F8	G9	$+1\overset{m}{.}17$	20 000	250	20
39.8	$-6\overset{m}{.}0$	$-4\overset{m}{.}6$	F8	K1	$+1\overset{m}{.}37$	32 000	400	22
63.1	$-6\overset{m}{.}7$	$-5\overset{m}{.}1$	F9	K2	$+1\overset{m}{.}56$	63 000	500	25
100.0	$-7\overset{m}{.}5$	$-5\overset{m}{.}8$	F9	K3	$+1\overset{m}{.}8$	126 000	630	32

Die ersten Spalten geben die sog. „Perioden-Helligkeits-Beziehung" der Cepheiden wieder. Danach haben die leuchtmächtigsten Cepheiden eine längere Periode als die schwächeren Cepheiden. Die klassischen Cepheiden gehören der Population I an (s. S. 60). Davon sind die sog. W Virginis-Sterne zu unterscheiden, deren absolute Helligkeit 1–2 Größenklassen unter der der klassischen Cepheiden liegt, im übrigen aber ähnliche Eigenschaften wie diese aufweisen. Sie gehören der Population II an.

Mirasterne

Periode in Tagen	Spektrum im Maximum	Mittlere Temperatur K	$\mathfrak{M}$	$\mathfrak{R}$ Sonne = 1	$\mathfrak{L}$	absolute Helligkeit visuell	absolute Helligkeit bolometrisch	Helligkeits-Amplitude
100	K5e	3600	10	79	2000	$-2\overset{m}{.}5$	$-3\overset{m}{.}4$	
129	M0e	3200	12	126	3150	$-2\overset{m}{.}5$	$-3\overset{m}{.}8$	2^m
250	M5e	2500	13	200	3980	$-0\overset{m}{.}6$	$-4\overset{m}{.}0$	4^m
500	M8e	2200	17	500	7940	$+0\overset{m}{.}3$	$-5\overset{m}{.}0$	6^m

Die Spektraltypen Se, Re, Ne, S, R und N treten bei den Mirasternen ebenfalls, jedoch weitaus seltener auf.

Pulsation der Cepheiden und Mirasterne

Gemessene Radialgeschwindigkeiten	bei Cepheiden	± 3 bis ± 30 km/s
	bei Mirasternen	± 7 bis ± 25 km/s
Amplitude der Radiusänderung	bei Cepheiden	etwa 10 %
	bei Mirasternen	etwa 37 %

Beispiele heller Novae

Nova	Jahr	scheinbare max. Helligkeit	Entdecker
CK Vulpeculae	1670	3^m	Antheim
Q Cygni	1876	3^m	Schmidt
GK Persei	1901	$0^m\!.0$	Anderson
DN Geminorum	1912	$3^m\!.3$	Enebo
V 603 Aquilae	1918	$-1^m\!.1$	Bower
V 476 Cygni	1920	$2^m\!.0$	Denning
RR Pictoris	1925	$1^m\!.1$	Watson
DQ Herculis	1934	$1^m\!.2$	Prentice
CP Lacertae	1936	$1^m\!.9$	Gomi
CP Puppis	1942	$0^m\!.4$	Dawson
V 533 Herculis	1963	$3^m\!.2$	Dahlgren und Peltier
HR Delphini	1967	$3^m\!.7$	Alcock
V 1500 Cygni	1975	$1^m\!.8$	Honda

Galaktische Supernovae

Supernova	Jahr	scheinbare max. Helligkeit	Bemerkungen
Centauri	185, Dez.	-8^m ?	Chin. Quellen
Sagittarii	386	?	Chin. Quellen, unklar
Tauri	393, Feb./März	-1^m	Chin. Quellen
Scorpii (?)	827	-10^m	unklar
Lupi	1006, April	$-8^m/-10^m$	chin., arab. u. europ. Quellen
Tauri	1054, Juli	-5^m	chin. u. jap. Quellen. Überrest: Crabnebel u. Pulsar
Cassiopeiae	1181, Aug.	0^m	chin. u. jap. Quellen
Cassiopeiae	1572, Nov.	-4^m	„Tychonische SN". Überrest: opt., radioastr. u. Röntgenstrahler
Ophiuchi	1604, Okt.	$-2^m\!.5$	„Keplersche SN". Radioastr. Überrest
Cassiopeiae	um 1700	?	Geht nur aus Radioquelle Cas A hervor; wurde nicht beobachtet

Novae und Supernovae

Bezeichnung	Typ	Vorkommen	Häufigkeit pro Galaxie u. Jahr	mittl. absol. Helligkeit im Max. (phot.)	Helligkeits- Amplitude
SN I	Supernovae Typ I	E- u. Sc-Galax.	~ 0.01	-18^m8	$>16^m$?
SN II	Supernovae Typ II	Sb- u. Sc-Galax.	~ 0.02	-17^m	$>15^m$?
N	Novae	Population II ?	~40	$- 7^m7$	$9-15^m$
Nd	Wiederk. Novae	Population II ?	?	$- 6^m$	$7- 9^m$
U Gem-Sterne	Zwergnovae	Population II ?	200 Mio.	$+ 4^m5$	$2- 6^m$

Anmerkung: Die Novae werden gemäß der Dauer ihrer Helligkeitsabnahme in „sehr schnelle", „schnelle", „mittelschnelle" und „langsame" Novae eingeteilt. Je schneller der Abstieg, desto höher ist im allgemeinen auch die absolute Helligkeit im Maximum. Weiterhin kennt man den „RT-Serpentis-Typ" mit extrem langsamer Abstiegszeit und verhältnismäßig geringer absoluter Helligkeit (um -3^m6) im Maximum.

Radialgeschwindigkeiten der expandierenden Hüllen:
bei Novae   1000 bis 3000 km/s
bei Supernovae   bis 10 000 km/s

Abgestoßene Masse:
bei Novae   0.00002 bis 0.0002 Sonnenmassen
bei Supernovae   etwa 1 bis 2 Sonnenmassen

Eine Supernova produziert in 1 s soviel Energie wie unsere Sonne in mindestens 3 Jahren.

Wichtige Radiopulsare

Bezeichnung	Sternbild	Periode in s	Entfern. (Lj)
PSR 0525 + 21	Stier	3.745	ca. 6 000
PSR 0531 − 21	Stier (Crab-Pulsar)	0.033	6 000
PSR 0833 − 45	Segel (Vela-Pulsar)	0.089	1 600
PSR 1845 − 19	Schütze	4.308 [1]	?
PSR 1937 +214	Füchschen	0.00156 [2]	16 000
PSR 1953 + 29	Füchschen/Schwan	0.00613	11 000

Anmerkungen: [1] Längste bisher bekannte Periode,
[2] kürzeste bisher bekannte Periode („Millisekunden-Pulsar")

Planetarische Nebel

Temperatur des Zentralsterns in K	30 000	40 000	50 000	60 000	100 000
Helligkeits-Unterschied zwischen Nebel und Zentralstern	0^m4	1^m6	2^m6	3^m5	6^m3

Nebel	Expansions-Geschwindigkeit km/s
NGC 1952 (Crab-Nebel)[1]	1200
NGC 2392	53
NGC 6543	12
NGC 6572	4

Nebel	Expansions-Geschwindigkeit km/s
NGC 6720 (Ring-Nebel)	19
NGC 7009 (Saturn-Nebel)	19
NGC 7027	18
NGC 7662	25

[1]) Supernova-Überrest, zum Vergleich

Weiße Zwerge

Stern	Masse (Sonne = 1)
40 Eridani B	0.43
α Canis maioris B	1.02
α Canis minoris B	0.68

Stern	Masse (Sonne = 1)
BD + 16° 516 B	0.6 – 0.8
PG 1413 + 01	0.4 – 1.0
van Maanen 2	0.63

Mittlerer Radius (Sonne = 1)	0.012
Mittlere Dichte	$4 \cdot 10^5$ g/cm^3

Zahl der bisher bekannten weißen Zwerge	etwa 1000
Häufigkeit der weißen Zwerge in der Sonnenumgebung	1 % bis 10 % aller Sterne
Gewicht eines ausgewachsenen Mannes an der Oberfläche eines weißen Zwergsternes	etwa 1000 bis 250 000 Tonnen

DOPPELSTERNE

Wichtige Katalogabkürzungen bei Doppelsternbezeichnungen:

A = Aitken, VBS = van Biesbroeck, B = van den Bos, β = Burnham, H = Wilhelm Herschel, h = John Herschel, δ = Dawson, I = Innes, OΣ = Otto Struve, Σ = Wilhelm Struve. Die Namen beziehen sich auf die von den betreffenden Astronomen bearbeiteten Doppelsternkataloge.

Zahl der bisher katalogisierten visuellen Doppelsterne	rund 88 000
Häufigkeit der Doppelsterne im Milchstraßensystem	etwa 50 % aller Sterne
Zahl der visuellen Doppelsterne, deren Bahnen berechnet wurden	etwa 1000
Die 100 nächsten visuellen Sterne kommen in	72 Sternsystemen vor
Untere Grenze für die Auflösung von visuellen Doppelsternen	0″.13
Theoretisches Auflösungsvermögen von Doppelsternen	11″.6 / Fernrohröffnung in cm
Größte Häufigkeit der visuellen Doppelsterne beim Spektraltyp	G
Größte Häufigkeit der spektroskopischen Doppelsterne beim Spektraltyp	A

Zahl der bisher bekannt gewordenen
spektroskopischen Doppelsterne   über 5000
Zahl der genauer untersuchten
spektroskopischen Doppelsterne   etwa 700

Häufigste Umlaufzeiten bei
spektroskopischen Doppelsternen   2 bis 50 Tage
Kürzeste, bisher beobachtete Umlaufzeit
(WZ Sagittae)   80 Minuten

Sterne mit unsichtbarer Komponente (zum Teil ungesichert)

Sternname	Periode in Jahren	Masse (Sonne = 1)	Sternname	Periode in Jahren	Masse (Sonne = 1)
70 Ophiuchi	17.0	0.01	Barnards Pfeilstern	24.0	0.0015
Ci 1244 (im Löwen)	26.5	0.032	ζ Aquarii	25.0	0.3
61 Cygni	4.9	0.016	ξ Bootis	2.2	0.1
μ Draconis	3.2	0.6	Lalande 21185	8.0	0.01

Wichtige Röntgendoppelsterne

Bezeichnung	Periode (s)	Umlaufzeit (d)	Bemerkungen
SMC X-1	0.71	3.89	B0-Stern in Kl. Mag. Wolke mit Neutronenstern als Komponente
Hercules X-1	1.24	1.70	HZ Her, Neutronenstern
Centaurus X-3	4.84	2.09	Neutronenstern
Vela X-1	283	8.97	Neutronenstern
Cygnus X-1		5.60	Schwarzes Loch?
Cygnus X-3		4.8h	Neutronenstern
Circinus X-1	ca. 0.001	16.6d	Schwarzes Loch?

STERNHAUFEN

Gesamtzahl aller offenen Sternhaufen in der Milchstraße   etwa 15000
Durchschnittliche Zahl der Sterne je offener Sternhaufen   100–10000
Durchschnittliche Masse eines offenen Sternhaufens   1000 Sonnenmassen
Durchschnittliches Alter eines offenen Sternhaufens   50 Millionen Jahre

Gesamtzahl aller Kugelhaufen in der Milchstraße   etwa 300
Durchschnittliche Zahl der Sterne je Kugelhaufen   100000–10 Millionen
Durchschnittliche Masse eines Kugelhaufens   1 Million Sonnenmassen
Durchschnittliches Alter eines Kugelhaufens   6 Milliarden Jahre

Gesamtzahl aller Sternassoziationen in der Milchstraße	etwa 700
Durchschnittliche Zahl der Sterne je Assoziation	etwa 100
Durchschnittliche Masse einer Assoziation	etwa 2000 Sonnenmassen
Durchschnittliches Alter einer Assoziation	4 Millionen Jahre
Mittlere visuelle absolute Helligkeit der Kugelhaufen	$-8^m\!.4$

Klassifikation der Sternhaufen

Offene Sternhaufen	Kugelhaufen	Assoziationen

I stark konzentriert
bis
IV schwach konzentriert
	I höchste Konzentration
	
	bis
		O-Assoziationen:
		  Bestehen in der Hauptsache
		  aus Sternen der Spektraltypen
		  O bis B2.

1 Sterne haben gleiche
bis   bzw.
3 verschiedene absolute
  Helligkeit
p (poor = arm) <50 Sterne
m (mäßig)   50–100 Sterne
r (reich)   >100 Sterne
	XII geringste Konzentration	T-Assoziationen:
		  Bestehen vor allem aus
		  Veränderlichen vom Typ
		  T Tauri (RW Aurigae)

Bewegungssternhaufen

Name des Haufens	Konvergenzpunkt		Geschwindigkeit bzgl. Sonne km/s	Sternzahl	Durchmesser Lj
	α	δ			
Perseus (Doppelhaufen)	103°	−24°	24	600–700	je 65
Plejaden	85°	−43°	20	130	13
Hyaden	93°	+12°	42	100	16
Orion	85°	−18°	21		
Praesepe	95°	+ 4°	41	1000	13
Scorpius-Centaurus	109°	−47°	25		
Coma Berenices	121°	−47°	8		
Ursa major	305°	−37°	19	100	23

Mittlere Auflösungszeit für offene Sternhaufen	1 Milliarde Jahre
Mittlere Auflösungszeit für Assoziationen	10 Millionen Jahre
Expansions-Geschwindigkeit der Sterne in Assoziationen	1–12 km/s

DIE STERNPOPULATIONEN

Gemäß dem etwas unterschiedlichen Aussehen des Hertzsprung-Russell-Diagramms (s. S. 52) großer Sterngruppen werden diese in zwei verschiedene Populationen (Völkerschaften) eingeteilt:

Population I:

Voll ausgebildete Hauptreihe bis zu blauweißen Sternen im linken oberen Teil des Diagramms. Die Sterne enthalten relativ mehr Metalle. Vorkommen: Offene Sternhaufen, Spiralarme der Galaxien. Die Population I ist mit interstellarer Materie verknüpft.

Population II:

Hauptreihe nicht voll ausgebildet. Die blauweißen Sterne im linken oberen Teil des Diagramms fehlen. Die Hauptreihe zeigt an einem bestimmten Teil eine Abknickung zum Riesenast. Die Sterne enthalten relativ wenig Metalle. Vorkommen: Kerngebiet der Galaxien, Kugelsternhaufen. Die Population II zeigt wenig interstellare Materie.

Tatsächlich drücken die beiden Sternpopulationen verschiedene Sterngenerationen aus. Die Population II ist älter, die Population I jünger.

INTERSTELLARE MATERIE

Die interstellare Materie besteht aus 99 % Gas und 1 % Staub. Die chemische Zusammensetzung lautet: 63 % Wasserstoff, 34 % Helium, 3 % schwerere Elemente (jeweils bezogen auf die Masse).

In den letzten Jahren wurden, meist auf radioastronomischem Wege, auch zahlreiche Moleküle im interstellaren Raum gefunden. Dazu zählen: Wasserstoffmolekül H_2, Wasser H_2O, Kohlenmonoxid CO, Hydroxyl OH, Ammoniak NH_3, Formaldehyd H_2CO, Cyan CN, Cyanwasserstoff HCN, Methylalkohol CH_2OH, Äthylalkohol CH_3CH_2OH, Ameisensäure HCOOH, Schwefelwasserstoff H_2S, Vinylcyanid H_2CCHCN, Schwefeldioxid SO_2, Siliciummonosulfid SiS, Cyandiazetylen CNC_3CH bis hin zu den Molekülen $C^{12}O^{16}$ und $C^{13}O^{16}$. Die bisher gefundenen Moleküle enthalten ausschließlich die Elemente H, C, N, O, Si und S.

Einteilung der hellen Nebel:

Emissionsnebel
(Die Gase des Nebels werden durch die ultraviolette Strahlung heißer benachbarter Sterne zum Eigenleuchten angeregt)

Reflexionsnebel
(Die Staubmassen des Nebels werfen das Licht der Nachbarsterne zurück)

Mittlere galakt. Breite der Emissions- bzw. Reflexionsnebel	2° bzw. 9°
Dichte der Reflexionsnebel	6 g je 100 Mio km³ oder $6 \cdot 10^{-23}$ g/cm³
Zahl der Teilchen in einem Reflexionsnebel	20 pro km³ oder $2 \cdot 10^{-8}$ pro cm³

Die wichtigsten Emissions- (E) und Reflexionsnebel (R)

Nebel	Typ	Lj	Dichte	Sp.	Helligkeit
M42/Orionnebel	E/R	1 500	600	Oe	$5^{m}4$
M45/Plejaden	R	410	?	B7	$3^{m}4$
NGC 2237/37 Rosetten-Nebel	E	3 500	30	Oe	$7^{m}4$
NGC 3372/η Carinae-Nebel	E	4 200	200	p	7^{m}
M20/Trifidnebel	E	3 200	100	Oe	$6^{m}9$
M17/Omeganebel	E	5 200	120	A0	$8^{m}9$
NGC 7000/Nordamerika-Nebel	E/R	2 300	15	A2	$1^{m}3$

Anmerkungen: Lj: Entfernung in Lj. Dichte: Zahl der Atome pro cm^3. RG: Radialgeschwindigkeit des Nebels. Sp. und Helligkeit: Spektraltyp und visuelle Helligkeit des beleuchteten Sterns

Die verschiedenen Typen der Dunkelwolken

	Dunkelwolken	Globulen II	Globulen I
Durchmesser in Lj	130	1.5	0.20
Gesamte Absorption	$1^{m}4$	$1^{m}5$	5^{m}
Teilchendichte in g/cm^3	$5 \cdot 10^{-25}$	$5 \cdot 10^{-23}$	$> 10^{-21}$
Absorbierende Masse (Sonne = 1)	300	0.05	> 0.002

Die wichtigsten Dunkelwolken

Nebel	Entfernung (Lj)	Absorption	Nebel	Entfernung (Lj)	Absorption
Cygnus	800 + 2000	$1^{m} + 1^{m}$	ϑ Ophiuchi	850	2^{m}
Nordamerika-			ρ Ophiuchi	700	4^{m}
Nebel	2300	2^{m}	Südl. Kohlen-		
Orion	1000	1^{m}	sack	550	$1^{m}8$

Radius der interstellaren Wolken im Mittel	26 Lj
Raumanteil nahe der galaktischen Ebene, der mit interstellaren Wolken erfüllt ist	4 %
Entfernung zwischen interstellaren Wolken im Mittel	80 Lj
Mittlere Masse der interstellaren Wolken	120 Sonnenmassen
Gasdichte in den Wolken	8 Atome je cm^3
Gasdichte zwischen den Wolken	≤ 0.1 Atome je cm^3

Die interstellare Materie verschluckt (absorbiert) das Licht der dahinter stehenden Sterne:

Interstellare Absorption nahe der galaktischen Ebene	$1^{m}9$ je 1000 Parsec
Radius der interstellaren Körner, die maximal absorbieren	0.003 mm
Mittlere Masse der absorbierenden Körner	$2 \cdot 10^{-13}$ g
Mittlere Dichte der absorbierenden Körner	1.1 g/cm^3
Temperatur der Körner	12 K

Einteilung des interstellaren Gases:

H I-Gebiete:
Neutraler Wasserstoff, Metalle größtenteils mindestens einfach ionisiert. Kinetische Temperatur 40–120 K

H II-Gebiete:
Wasserstoff ionisiert, Metalle vollständig mindestens einfach ionisiert. Kinetische Temperatur 8000 K

STERNZAHLEN

Zahl der Sterne mit abnehmender Helligkeit

Helligkeit (phot.)	Sternzahlen	Helligkeit (phot.)	Sternzahlen
bis 6^{m}0	3 000	bis 14^{m}0	12 000 000
bis 7^{m}0	10 000	bis 15^{m}0	27 000 000
bis 8^{m}0	43 200	bis 16^{m}0	55 000 000
bis 9^{m}0	97 000	bis 17^{m}0	120 000 000
bis 10^{m}0	270 000	bis 18^{m}0	240 000 000
bis 11^{m}0	700 000	bis 19^{m}0	510 000 000
bis 12^{m}0	1 800 000	bis 20^{m}0	945 000 000
bis 13^{m}0	5 100 000	bis 21^{m}0	1 890 000 000

Zahl der Sterne mit bestimmter absoluter Helligkeit

Relative Häufigkeit der Sterne in Abhängigkeit von der absoluten Helligkeit (Leuchtkraftfunktion)

absolute Helligkeit	relative Sternzahl in logarithm. Skala	Gesamtmasse in 10^{-4} M$_\odot$/pc^3
− 6^m	1.63	0.005
− 4^m	3.58	0.006
− 2^m	4.71	0.5
0^m	5.98	4
+ 2^m	6.71	12
+ 4^m	7.29	23
+ 6^m	7.45	38
+ 8^m	7.55	26
+10^m	7.84	34
+12^m	8.02	34
+14^m	8.09	23

Häufigkeit der Sterne verschiedener Spektralklassen

Zahl der Sterne verschiedener Spektralklassen je Kubikkiloparsec

Spektraltyp	Hauptreihensterne	Riesen	weiße Zwerge
O	0.00003	–	–
B	0.1	–	1
A	0.5	–	2
F	3	0.05	1
G	6	0.2	0.6
K	10	0.5	–
M	50	0.03	–

Zahl der Sterne pro Quadratgrad in verschiedenen galaktischen Breiten

Helligkeit	Galaktische Breite		Verhältnis
	0° bis 20°	40° bis 90°	gal. Ebene zu gal. Pol
6^m	0.107	0.044	3.4
10^m	6.18	2.33	4.3
14^m	275	67.8	8.4
18^m	7310	548	21.1
22^m	50 900	3 130	44.2

Grenzgrößen bei der Fernrohrbeobachtung

Öffnung des Instruments	visuelle Grenzgröße	photographische Grenzgröße (100^m Bel.)
mit bloßem Auge	6^m0	–
50 mm	10^m3	13^m0
100 mm	11^m7	14^m8
200 mm	13^m0	16^m0
300 mm	13^m8	16^m8
500 mm	14^m5	17^m9
1 000 mm	15^m0	19^m5
5 000 mm	17^m5	23^m0

Unter weniger günstigen Beobachtungsverhältnissen müssen 1–2 Größenklassen abgezogen werden. Photographische Grenzgröße eines 5-m-Spiegels ≙ 1 Kerze aus ca. 30 000 km Abstand.

DAS MILCHSTRASSENSYSTEM

Wie gibt man die Lage eines Sterns in bezug auf die Milchstraße an?

Bei Untersuchungen des Milchstraßensystems usw. gibt man die Lage eines Sterns oder anderer Objekte in galaktischen Koordinaten an (Galaxis, griechisch = Milchstraße), und zwar mit der galaktischen Länge l und der galaktischen Breite b.

Älteres System

Galaktischer Nordpol: $\alpha = 12^h40^m$ $\delta = +28^\circ0$ (1900.0)

Der galaktische Äquator fällt etwa mit dem Verlauf der Milchstraße zusammen. Die galaktische Länge wird vom Schnittpunkt des galaktischen Äquators mit dem Himmelsäquator aus in Richtung zum Sternbild Schwan gezählt. Dieser Schnittpunkt liegt bei $\alpha = 18^h40^m$ (1900.0)

Neueres System

Galaktischer Nordpol	$\alpha = 12^h46{.}^m6$	$\delta = +27^\circ40'$ (1900.0)
Nullpunkt für die Zählweise der galakt. Länge	$\alpha = 17^h39{.}^m3$	$\delta = -28^\circ9'$ (1900.0)

Dimensionen und andere Angaben über das Milchstraßensystem

Größter Durchmesser	110 000 Lj
Dicke am Zentrum (des Milchstraßenkerns)	16 000 Lj
Dicke nahe dem Rande (der Spiralarme)	3 300 Lj
Durchmesser des Halos	mindestens 160 000 Lj
(einschl. des Systems der Kugelhaufen)	
Entfernung der Sonne vom Zentrum	28 000 Lj
Abstand der Sonne von der Milchstraßenebene	46 Lj nördlich
Geschwindigkeit der Sonne und ihrer Nachbarschaft um das Zentrum des Milchstraßensystems	250 km/s
Dauer eines Umlaufs der Sonne um das Zentrum des Milchstraßensystems	200 Millionen Jahre
Gesamtmasse des Milchstraßensystems	1,4 Billionen Sonnenmassen
Masse der Scheibe allein	200 Milliarden Sonnenmassen

Prozentuale Aufteilung der Gesamtmasse

Sterne heller als $M = +3^m$	10 %
schwächere Sterne	80 %
interstellares Gas	10 %
Staub	0.1 %
Fluchtgeschwindigkeit vom galaktischen Zentrum	700 km/s
Fluchtgeschwindigkeit von der Nachbarschaft der Sonne	360 km/s
Fluchtgeschwindigkeit vom Rand des Milchstraßensystems	240 km/s

DIE WICHTIGSTEN RADIOQUELLEN

Bezeichnung	S	⌀	Optische Beobachtung
Cassiopeia A	195	4'	Diffuses Objekt. Supernovaüberrest
Cygnus A	138	1'	Radiogalaxie
Centaurus A	30	6'	NGC 5128, Radiogalaxie
Taurus A	17	4'	NGC 1952, Crabnebel, Supernova 1054
Virgo A	18	4'	M 87, Radiogalaxie
Puppis A	6	40'	Galaktischer Nebel
Cygnus X	2	60'	Galaktischer Nebel
Monoceros	4	70'	Rosetten-Nebel
Sagittarius A	40	70'	Galaktisches Zentrum
Trifid-Nebel	8		M 20
Centaurus B	6		
Pictor A	4		
Hercules A	7		Radiogalaxie
Perseus A	1.3		NGC 1275, Radiogalaxie
Hydra A	4		Radiogalaxie
Fornax A	4	20'	NGC 1316 (?), Radiogalaxie (?)
Andromeda A	140		NGC 224, Andromedanebel
Cassiopeia B	2.5		Supernova 1572
3 C 273	1.4	1'	Nächster Quasar (im Sternbild Jungfrau)

Anmerkung:
S bedeutet die Intensität der Radioquelle bei einer Frequenz von 100 MHz in 10^{-24} Watt/m^2 Hz, d. h. Watt pro Quadratmeter und 1 Hertz Bandbreite.
⌀ bedeutet Durchmesser in Bogenminuten.

RÖNTGENQUELLEN

Klasse	Leuchtkraft erg/s	Anmerkungen Beispiele
galaktische Objekte		
Sonne (ruhig)	10^{24}	
(in Flares)	bis 10^{28}	
Hauptreihensterne	bis 10^{33}	Obergrenze bei O-Sternen, Untergrenze (10^{26} erg/s) bei A-Sternen, rote Zwergsterne dazwischen
Riesen/Überriesen	bis 10^{34}	Obergrenze bei Überriesen vom O-Typ
Bestimmte Veränderliche	bis 10^{32}	z. B. T Tauri, U Geminorum usw.
Einzelne weiße Zwerge	bis 10^{32}	z. B. Sirius B
Neutronensterne	bis 10^{39}	Hercules X-1
Kugelhaufen	bis 10^{39}	Terzan 2
Novae	bis 10^{32}	Nova Mon 1975 (mit Ausbruch bis 10^{38} erg/s)
Supernova-Überreste, diffuse galakt. Strahlung	bis 10^{37}	Crab-Nebel, Puppis A

Klasse	Leuchtkraft erg/s	Anmerkungen Beispiele
außergalaktische Objekte		
Normale Galaxien	bis 10^{39}	Andromedanebel
Radiogalaxien	bis 10^{43}	Centaurus A
BL Lacertae-Objekte	bis 10^{44}	Makarian 421
Seyfert-Galaxien	bis 10^{45}	Makarian 376
Quasare	bis 10^{47}	3 C 273
Galaxienhaufen	bis 10^{45}	Coma-Haufen

GAMMASTRAHLENQUELLEN

Galaktische Objekte

Diffuse Strahlung aus der galaktischen Scheibe (Wechselwirkung der kosmischen Strahlung mit interstellarer Materie); Pulsare, Molekülwolken.
Gammastrahlen-Burster: Ursache evtl. magnetische Neutronensterne bei thermonuklearen Explosionen nach der Aufnahme interstellarer Materie.

Extragalaktische Objekte

Diffuse Hintergrundstrahlung
Quasar 3 C 273

STERNSYSTEME

Allgemeines

Entfernung, bis zu der Sternsysteme noch in Einzelsterne teilweise aufgelöst werden können	etwa 50–100 Millionen Lj
Schwankungsbereich der absoluten Helligkeit der Sternsysteme	-10^m bis -22^m
Schwankungsbereich der Durchmesser der Sternsysteme	6 000–170 000 Lj
Schwankungsbereich der Masse der Sternsysteme	10 Mio. – 1000 Milliarden $M_\odot$

Zahl der Sternsysteme am galaktischen Pol pro Quadratgrad
bis 20^m	462
bis 21^m	1780

Zahl der Sternsysteme am ganzen Himmel
bis 21^m	rd. 75 Millionen

Mittlere Raumdichte der Sternsysteme	0,1 Systeme pro Würfel mit 1 Million parsec Kantenlänge
Mittlerer Abstand zweier Sternsysteme	2 000 000 Lj

Die Populationen innerhalb der Sternsysteme

Elliptische Nebel:	Population II (zahlreiche RR Lyrae-Sterne, keine interstellare Materie)
Spiralen Sa u. Sb:	Population I in Spiralarmen, II im Kern
Spiralen Sc:	Population I sehr häufig, II demgegenüber zurücktretend
Irreguläre Nebel:	Population I häufig, II seltener. Gelegentlich aber auch Population II allein zeigend

Einige Formeln zur Umrechnung

Entfernung und Durchmesser:

$$\text{Entfernung} = 3440 \frac{\text{wahrer Durchmesser}}{\text{scheinbarer Durchmesser}}$$

Entfernungsmodul (Differenz zwischen scheinbarer und absoluter Helligkeit, $m - M$. Wird oft als Maß der Entfernung statt Lichtjahr oder Parsec verwendet, vor allem außerhalb unseres Milchstraßensystems.) $m - M = -5 + 5 \cdot \log \text{Entfernung}$

(Die Entfernung wird in pc, der wahre Durchmesser in pc und der scheinbare Durchmesser in Bogenminuten eingesetzt.)

Einteilung, Klassifikation und Häufigkeit

nach E. P. Hubble (1889–1953)

Bezeichnung	Abkürzung	Häufigkeit
Elliptische Nebel	E0 – E7	14.2%
Linsenförmige Galaxien	S0, SB0	13.2%
Normale Spiralen	Sa	8.2%
	Sb	17.8%
	Sc	32.5%
Balkenspiralen	SBa	3.4%
	SBb	6.0%
	Sbc	1.9%
Irreguläre Nebel	Ir	2.8%

Anmerkungen:
Die von 0 bis 7 laufenden Unterklassen der elliptischen Nebel E geben die Abplattung an. Stärkste Abplattung bei E7 mit 3:1.
Die von a bis c laufenden Unterklassen der Spiralnebel geben das Hervortreten des Spiralnebelkerns an: a = sehr starker Kern, c = Kern schwach entwickelt.

Die lokale Nebelgruppe

Name des Systems	Typ	Entfernung in Lj	Durchmesser in Lj	visuelle Abs. Hell.	RG in km/s
Milchstraßensystem	Sb	–	110 000	-20^m	–
Gr. Magellansche Wolke	Ir	163 000	21 000	$-18\overset{m}{.}5$	16
Kl. Magellansche Wolke	Ir	163 000	9 500	$-16\overset{m}{.}8$	− 13
Ursa minor-System	dE	260 000	1 000	$-\ 8\overset{m}{.}8$	–
Sculptor-System	dE	360 000	2 200	$-11\overset{m}{.}7$	–
Draco-System	dE	195 000	1 000	$-\ 8\overset{m}{.}6$	–
Fornax-System	dE	750 000	5 200	$-13\overset{m}{.}6$	− 70
Leo-System II	dE	750 000	1 000	$-\ 9\overset{m}{.}4$	–
Leo-System I	E4	750 000	2 000	$-11\overset{m}{.}0$	–
NGC 6822	Ir	1 600 000	6 800	$-15\overset{m}{.}7$	73
IC 1613	Ir	2 150 000	6 500	$-14\overset{m}{.}8$	−129
Andromedanebel (M 31)	Sb	2 250 000	150 000	$-21\overset{m}{.}1$	− 68
M 32 (Begl. von M 31)	E2	2 250 000	2 000	$-16\overset{m}{.}4$	17
NGC 205 (Begl. von M 31)	E6	2 250 000	4 900	$-16\overset{m}{.}4$	− 6
And III (Begl. von M 31)	dE	2 300 000	2 600	-11^m	–
NGC 185	E3	2 250 000	3 300	$-15\overset{m}{.}2$	− 10
NGC 147	E5	2 250 000	3 300	$-14\overset{m}{.}9$	–
Dreiecksnebel (M 33)	Sc	2 350 000	3 400	$-18\overset{m}{.}9$	− 11
Ursa maior-System	dE	390 000	–	–	–
Sextans C-System	dE	450 000	–	–	–
Pegasus-System	dE	550 000	–	–	–
Wolf-Lundmark-Melotte-Syst.	Ir	2 800 000	4 200	-14^m	2
Sextans A-System	Ir	3 300 000	4 900	-14^m	118
Leo-System III	Ir	3 600 000	–	-13^m	–
IC 10	SB	4 100 000	4 200	-18^m	− 92

Weitere mögliche Mitglieder: DD0 210, IC 5152, DD0 216, Sextans B, DD0 187, GR 8 (= DD0 155), NGC 3109, sowie eine Galaxie in Carina. Bei allen diesen Objekten handelt es sich vermutlich um elliptische oder irreguläre Zwerggalaxien.

Nebelhaufen

Allgemeines

Mittlerer Durchmesser der Nebelhaufen	16 Mio. Lj

Mehrere Nebelhaufen schließen sich zu Superhaufen zusammen.

Zentrum des lokalen Superhaufens	im Virgohaufen
Umlaufzeiten um das Zentrum des lokalen Superhaufens	50 bis 200 Milliarden Jahre

Die wichtigsten Nebelhaufen

Name	Zahl der Nebel	Entfernung in Millionen Lj	Durchmesser in '	RG in km/s
Virgo	2500	70	700	+ 1 200
Pegasus	100	220	60	+ 3 800
Perseus	500	310	120	+ 5 200
Coma Berenices	1000	370	180	+ 6 700
Ursa maior I	300	880	40	+15 400
Leo	300	1000	35	+20 000
Corona borealis	400	1250	30	+21 600
Gemini	200	1250	30	+21 600
Bootes	150	2300	20	+39 400
Ursa maior II	200	2500	10	+42 000
Hydra	–	3300	–	+61 000

WICHTIGE QUASARE, SEYFERT-GALAXIEN UND BL LACERTAE-OBJEKTE

Bezeichnung	Sternbild	Typ	visuelle Helligkeit	z
NGC 1068	Walfisch	Seyfert	10^m5	0.00363
BL Lacertae	Eidechse	BL Lac	14^m5	0.0688
3 C 273	Jungfrau	Quasar[1])	12^m8	0.158
PKS 2000 –330	Schütze	Quasar[2])	19^m	3.78

[1]) = nächster Quasar, [2]) = entferntester, bisher geundener Quasar,
z = Rotverschiebung (infolge Expansion des Universums).

Es ist $\quad z = \dfrac{\Delta\,\lambda\ \text{Wellenlängenverschiebung}}{\lambda\ \text{Laboratoriumswellenlänge}}$

Wichtige Radiogalaxien siehe Seite 65

DAS UNIVERSUM

Fernste normale Sternsysteme, die bisher photographiert wurden	etwa 13 Milliarden Lj
Zahl der Sternsysteme im beobachtbaren Teil des Universums	mehrere 100 Milliarden
Expansionsgeschwindigkeit der Sternsysteme (Hubble-Effekt) nach dem Stand von 1985	etwa 50 bis 55 km/s pro 1 Million pc Entfernung
„Weltalter"	etwa 18–20 Milliarden Jahre
Mittlere Dichte des galaktischen Materials (entspricht 10^{-7} Atomen/cm^3 oder 3 Milliarden Sonnenmassen pro Kubikmegaparsec)	$2 \cdot 10^{-31}$ g/cm^3

DIE HÄUFIGKEIT DER CHEMISCHEN ELEMENTE IM KOSMOS

a) Mittlere Häufigkeit der chemischen Elemente im ganzen Kosmos bezogen auf Silicium $= 10^6$.
Z Ordnungszahl im periodischen System der Elemente

Z	Element	Symbol	Häufigkeit	Z	Element	Symbol	Häufigkeit
1	Wasserstoff	H	$3.2 \cdot 10^{10}$	44	Ruthenium	Ru	0.87
2	Helium	He	$4.1 \cdot 10^9$	45	Rhodium	Rh	0.15
3	Lithium	Li	100	46	Palladium	Pd	0.675
4	Beryllium	Be	20	47	Silber	Ag	0.26
5	Bor	B	24	48	Cadmium	Cd	0.89
6	Kohlenstoff	C	$1.1 \cdot 10^7$	49	Indium	In	0.11
7	Stickstoff	N	$3.0 \cdot 10^6$	50	Zinn	Sn	1.33
8	Sauerstoff	O	$3.1 \cdot 10^7$	51	Antimon	Sb	0.227
9	Fluor	F	1600	52	Tellur	Te	4.7
10	Neon	Ne	$8.6 \cdot 10^5$	53	Jod	J	0.80
11	Natrium	Na	$4.38 \cdot 10^4$	54	Xenon	X	4.00
12	Magnesium	Mg	$9.12 \cdot 10^5$	55	Caesium	Cs	0.456
13	Aluminium	Al	$9.48 \cdot 10^4$	56	Barium	Ba	3.66
14	Silicium	Si	$1.00 \cdot 10^6$	57	Lanthan	La	0.50
15	Phosphor	P	$1.00 \cdot 10^4$	58	Cer	Ce	0.575
16	Schwefel	S	$3.75 \cdot 10^5$	59	Praseodym	Pr	0.23
17	Chlor	Cl	8800	60	Neodym	Nd	0.874
18	Argon	Ar	$1.5 \cdot 10^5$	62	Samarium	Sm	0.238
19	Kalium	K	3160	63	Europium	Eu	0.115
20	Calcium	Ca	$4.90 \cdot 10^4$	64	Gadolinium	Gd	0.516
21	Scandium	Sc	28	65	Terbium	Tb	0.090
22	Titan	Ti	2400	66	Dysprosium	Dy	0.665
23	Vanadium	V	220	67	Holmium	Ho	0.18
24	Chrom	Cr	7800	68	Erbium	Er	0.583
25	Mangan	Mn	6850	69	Thulium	Tm	0.090
26	Eisen	Fe	$1.00 \cdot 10^4$	70	Ytterbium	Yb	0.393
27	Kobalt	Co	1800	71	Cassiopeium	Cp	0.0358
28	Nickel	Ni	$2.74 \cdot 10^4$	72	Hafnium	Hf	0.113
29	Kupfer	Cu	212	73	Tantal	Ta	0.015
30	Zink	Zn	490	74	Wolfram	W	0.105
31	Gallium	Ga	9.05	75	Rhenium	Re	0.054
32	Germanium	Ge	25.3	76	Osmium	Os	1.00
33	Arsen	As	1.70	77	Iridium	Ir	0.82
34	Selen	Se	18.8	78	Platin	Pt	1.6
35	Brom	Br	13	79	Gold	Au	0.145
36	Krypton	Kr	51	80	Quecksilber	Hg	0.017
37	Rubidium	Rb	6.50	81	Thallium	Tl	0.0062
38	Strontium	Sr	19	82	Blei	Pb	0.12
39	Yttrium	Y	8.9	83	Wismut	Bi	0.078
40	Zirkon	Zr	54	90	Thorium	Th	0.033
41	Niob	Nb	0.81	92	Uran	U	0.018
42	Molybdän	Mo	2.42				

b) Häufigkeit der wichtigsten chemischen Elemente in der Sonne, in Sternen vom Spektraltypus O, in Gasnebeln und in Steinmeteoriten (Logarithmus, bezogen auf die Häufigkeit von Wasserstoff)

Z	Element	Symbol	Sonne	O-Sterne	Gasnebel	Stein-meteorite
1	Wasserstoff	H	12	12	12	
2	Helium	He	10.8	11	11.24	
3	Lithium	Li	1.5			3.16
4	Beryllium	Be	2.35			1.34
5	Bor	B				2.30
6	Kohlenstoff	C	8.56	8.1		4.7
7	Stickstoff	N	7.98	8.28	8.44	
8	Sauerstoff	O	9.0	8.78	8.82	8.02
9	Fluor	F	4.7	6.5	5.5	4.2
10	Neon	Ne	8.0	8.6	8.12	
11	Natrium	Na	6.3			6.15
12	Magnesium	Mg	7.5	7.5		7.47
13	Aluminium	Al	6.4	6.2		6.34
14	Silicium	Si	7.6	7.6		7.5
15	Phosphor	P	5.3	5.5		5.26
16	Schwefel	S	7.17	7.2	7.82	6.54
17	Chlor	Cl	6.2	6.2	6.55	4.35
18	Argon	Ar		7.0	6.9	
19	Kalium	K	4.7			5.06
20	Calcium	Ca	6.38			6.15

KLEINE UMRECHNUNGSTAFEL

Parallaxe	Entfernung		Größen-klasse	Helligkeits-unterschied	Entfernungs-modul m−M	Entfernung	
	pc	Lj				pc	Lj
0″.800	1.250	4.07	0^{m}0	1.00	− 5^{m}00	1.0	3.3
0″.770	1.299	4.23	0^{m}1	1.10	− 3^{m}49	2.0	6.5
0″.740	1.351	4.41	0^{m}2	1.20	− 2^{m}39	3.3	10.8
0″.710	1.408	4.59	0^{m}3	1.32	− 1^{m}51	5.0	16.4
0″.680	1.471	4.79	0^{m}4	1.45	0^{m}00	10.0	32.6
0″.650	1.538	5.02	0^{m}5	1.58	+ 1^{m}51	20.0	65
0″.620	1.613	5.26	0^{m}6	1.74	+ 3^{m}49	50.0	164
0″.590	1.695	5.53	0^{m}7	1.91	+ 5^{m}00	100	326
0″.560	1.786	5.82	0^{m}8	2.09	+ 6^{m}51	200	652
0″.530	1.887	6.15	0^{m}9	2.29	+ 8^{m}49	500	1 640
0″.500	2.000	6.52	1^{m}0	2.51	+10^{m}00	1 000	3 260
0″.470	2.128	6.94	2^{m}0	6.31	+13^{m}49	5 000	16 400
0″.440	2.273	7.41	3^{m}0	15.85	+15^{m}00	10 000	32 600
0″.410	2.439	7.95	4^{m}0	39.81	+20^{m}00	100 000	326 000
0″.380	2.632	8.58	5^{m}0	100.00	+35^{m}00	10^8	$3.26 \cdot 10^8$
0″.350	2.857	9.31	6^{m}0	251.19	+45^{m}00	10^{10}	$3.26 \cdot 10^{10}$
0″.320	3.125	10.19	7^{m}0	630.96			
0″.290	3.448	11.24	8^{m}0	1 584.9			
0″.260	3.846	12.54	9^{m}0	3 981.1			
0″.230	4.348	14.17	10^{m}0	10 000			
0″.200	5.000	16.30	12^{m}0	$63 \cdot 10^3$			
0″.170	5.882	19.18	14^{m}0	$398 \cdot 10^3$			
0″.140	7.143	23.28	16^{m}0	$2.5 \cdot 10^6$			
0″.110	9.091	29.63	18^{m}0	$15.8 \cdot 10^6$			
0″.080	12.500	40.75	20^{m}0	$100.0 \cdot 10^6$			

PRÄZESSIONSTABELLE

Jährliche Änderung der Rektaszension und Deklination, also des Orts eines Sterns, infolge der Präzession.

Jährliche Präzession in Rektaszension

α/δ	+80°	+60°	+50°	+40°	+30°	+20°	+10°	0°	−10°	−20°	−30°	in Deklination
0^h	3^{s}1	3^{s}07	3^{s}07	3^{s}07	3^{s}07	3^{s}07	3^{s}07	3^{s}07	3^{s}07	3^{s}07	3^{s}07	+20$''$0
1^h		3^{s}67	3^{s}48	3^{s}36	3^{s}27	3^{s}20	3^{s}13	3^{s}07	3^{s}01	2^{s}95	2^{s}87	+19$''$4
2^h	6^{s}9	4^{s}23	3^{s}87	3^{s}63	3^{s}46	3^{s}32	3^{s}19	3^{s}07	2^{s}95	2^{s}83	2^{s}69	+17$''$4
3^h		4^{s}71	4^{s}20	3^{s}87	3^{s}62	3^{s}42	3^{s}24	3^{s}07	2^{s}91	2^{s}73	2^{s}53	+14$''$2
4^h	9^{s}6	5^{s}08	4^{s}45	4^{s}04	3^{s}74	3^{s}49	3^{s}28	3^{s}07	2^{s}87	2^{s}65	2^{s}41	+10$''$0
5^h		5^{s}31	4^{s}61	4^{s}16	3^{s}82	3^{s}54	3^{s}30	3^{s}07	2^{s}84	2^{s}60	2^{s}33	+ 5$''$2
6^h	10^{s}6	5^{s}39	4^{s}67	4^{s}19	3^{s}84	3^{s}56	3^{s}31	3^{s}07	2^{s}84	2^{s}59	2^{s}30	0$''$0
7^h		5^{s}31	4^{s}61	4^{s}16	3^{s}82	3^{s}54	3^{s}30	3^{s}07	2^{s}84	2^{s}60	2^{s}33	− 5$''$2
8^h	9^{s}6	5^{s}08	4^{s}45	4^{s}04	3^{s}74	3^{s}49	3^{s}28	3^{s}07	2^{s}87	2^{s}65	2^{s}41	−10$''$0
9^h		4^{s}71	4^{s}20	3^{s}87	3^{s}62	3^{s}42	3^{s}24	3^{s}07	2^{s}91	2^{s}73	2^{s}53	−14$''$2
10^h	6^{s}9	4^{s}23	3^{s}87	3^{s}63	3^{s}46	3^{s}32	3^{s}19	3^{s}07	2^{s}95	2^{s}83	2^{s}69	−17$''$4
11^h		3^{s}67	3^{s}48	3^{s}36	3^{s}27	3^{s}20	3^{s}13	3^{s}07	3^{s}01	2^{s}95	2^{s}87	−19$''$4
12^h	3^{s}1	3^{s}07	3^{s}07	3^{s}07	3^{s}07	3^{s}07	3^{s}07	3^{s}07	3^{s}07	3^{s}07	3^{s}07	−20$''$0
13^h		2^{s}47	2^{s}66	2^{s}78	2^{s}87	2^{s}95	3^{s}01	3^{s}07	3^{s}13	3^{s}20	3^{s}27	−19$''$4
14^h	− 0^{s}7	1^{s}92	2^{s}28	2^{s}51	2^{s}69	2^{s}83	2^{s}95	3^{s}07	3^{s}19	3^{s}32	3^{s}46	−17$''$4
15^h		1^{s}44	1^{s}95	2^{s}28	2^{s}53	2^{s}73	2^{s}91	3^{s}07	3^{s}24	3^{s}42	3^{s}62	−14$''$2
16^h	− 3^{s}5	1^{s}07	1^{s}69	2^{s}10	2^{s}41	2^{s}65	2^{s}87	3^{s}07	3^{s}28	3^{s}49	3^{s}74	−10$''$0
17^h		0^{s}84	1^{s}53	1^{s}99	2^{s}33	2^{s}60	2^{s}84	3^{s}07	3^{s}30	3^{s}54	3^{s}82	− 5$''$2
18^h	− 4^{s}5	0^{s}76	1^{s}48	1^{s}95	2^{s}30	2^{s}59	2^{s}84	3^{s}07	3^{s}31	3^{s}56	3^{s}84	0$''$0
19^h		0^{s}84	1^{s}53	1^{s}99	2^{s}33	2^{s}60	2^{s}84	3^{s}07	3^{s}30	3^{s}54	3^{s}82	+ 5$''$2
20^h	− 3^{s}5	1^{s}07	1^{s}69	2^{s}10	2^{s}41	2^{s}65	2^{s}87	3^{s}07	3^{s}28	3^{s}49	3^{s}74	+10$''$0
21^h		1^{s}44	1^{s}95	2^{s}28	2^{s}53	2^{s}73	2^{s}91	3^{s}07	3^{s}24	3^{s}42	3^{s}62	+14$''$2
22^h	− 0^{s}7	1^{s}92	2^{s}28	2^{s}51	2^{s}69	2^{s}83	2^{s}95	3^{s}07	3^{s}19	3^{s}32	3^{s}46	+17$''$4
23^h		2^{s}47	2^{s}66	2^{s}78	2^{s}87	2^{s}95	3^{s}01	3^{s}07	3^{s}13	3^{s}20	3^{s}27	+19$''$4
24^h	3^{s}1	3^{s}07	3^{s}07	3^{s}07	3^{s}07	3^{s}07	3^{s}07	3^{s}07	3^{s}07	3^{s}07	3^{s}07	+20$''$0

JULIANISCHE PERIODE

Zahl der seit dem 1. Januar 4713 v. Chr. 12 Uhr Weltzeit verflossenen Tage. Diese Datumszählweise wird gerne bei langjährigen astronomischen Beobachtungsreihen o. dgl. verwendet.

Jahr	1600	1700	1800	1900	2000	2100	2200
0	2305447	2341971	2378495	2415019	2451544	2488068	2524592
4	06908	43432	79956	16480	53005	89529	26053
8	08369	44893	81417	17941	54466	90990	27514
12	09830	46354	82878	19402	55927	92451	28975
16	11291	47815	84339	20863	57388	93912	30436
20	12752	49276	85800	22324	58849	95373	31897
24	14213	50737	87261	23785	60310	96834	33358
28	15674	52198	88722	25246	61771	98295	34819
32	17135	53659	90183	26707	63232	99756	36280
36	18596	55120	91644	28168	64693	2501217	37741
40	20057	56581	93105	29629	66154	02678	39202
44	21518	58042	94566	31090	67615	04139	40663
48	22979	59503	96027	32551	69076	05600	42124
52	24440	60964	97488	34012	70537	07061	43585
56	25901	62425	98949	35473	71998	08522	45046
60	27362	63886	2400410	36934	73459	09983	46507
64	28823	65347	01871	38395	74920	11444	47986
68	30284	66808	03332	39856	76381	12905	49429
72	31745	68269	04793	41317	77842	14366	50890
76	33206	69730	06254	42778	79303	15827	52351
80	34667	71191	07715	44239	80764	17288	53812
84	36128	72652	09176	45700	82225	18749	55273
88	37589	74113	10637	47161	83686	20210	56734
92	39050	75574	12089	48622	85147	21671	58195
96	40511	77035	13559	50083	86608	23132	59656
100	2341971	2378495	2415019	2451544	2488068	2524592	2561116

DIE ERSTEN WICHTIGSTEN KÜNSTLICHEN HIMMELSKÖRPER

(Ein a in Klammern bedeutet amerikanischer, ein s sowjetischer Flugkörper)

a) *Die ersten künstlichen Erdsatelliten*

Name	Astronomische Bezeichnung	Start-datum	Anfangs-Umlaufz.	Anf.-Höhe Min./Max. km	Gewicht kg	Aufgaben und Instrumente
Sputnik I (s)	1957 α	4.10.	$96^{m}\!.2$	230/940	84	Sender, Temperatur
Sputnik II (s)	1957 β	3.11.	$103^{m}\!.8$	225/1660	510	X-, Ultrastrahlung Hündin Laika
Explorer I (a)	1958 α	1. 2.	$114^{m}\!.8$	360/2540	14	Temperatur, Entd. van Allen-Gürtel
Vanguard I (a)	1958 β	17. 3.	$134^{m}\!.3$	660/3950	1.47	Sonnenbatterien
Explorer III (a)	1958 γ	26. 3.	$115^{m}\!.9$	195/2800	14	wie Explorer I
Sputnik III (s)	1958 δ	15. 5.	$105^{m}\!.9$	240/1880	1327	Luftdruck, Magnetfeld
Explorer IV (a)	1958 ε	26. 7.	$110^{m}\!.3$	265/2230	17	Ultrastrahlung, Korpuskular-strahlung
Atlas (a)	1958 ζ	18.12.	$101^{m}\!.5$	175/1480	4000	Transmission von Radiowellen
Vanguard II (a)	1959 α	17. 2.	$126^{m}\!.9$	560/3320	10	Wetter, Wolken
Discoverer I (a)	1959 β	28. 2.	$95^{m}\!.9$	160/970	590	Radiosender
Discoverer II (a)	1959 γ	13. 4.	$90^{m}\!.6$	230/355	730	Kapsel
Explorer VI (a)	1959 δ	7. 8.	768^{m}	240/38800	65	Strahlungs-Gürtel
Discoverer V (a)	1959 ε	13. 8.	$94^{m}\!.1$	220/740	135	
Discoverer VI (a)	1959 ζ	19. 8.	$95^{m}\!.2$	220/860	135	
Vanguard III (a)	1959 η	18. 9.	$130^{m}\!.3$	510/3750	23	Ultrastrahlung und Magnetisches Feld
Explorer VII (a)	1959 ι	13.10.	$101^{m}\!.3$	528/1140	41	wie Vanguard III
Discoverer VII (a)	1959 χ	7.11.	$94^{m}\!.5$	160/890	770	Kapsel
Discoverer VIII (a)	1959 λ	20.11.	$103^{m}\!.7$	190/1670	770	Kapsel
Tiros I (a)	1960 β	1. 4.	$99^{m}\!.3$	690/754	125	Wetterbeobachtung
Transit 1B (a)	1960 γ	13. 4.	$95^{m}\!.9$	385/760	120	Navigation
Discoverer XI (a)	1960 δ	15. 4.	$92^{m}\!.3$	177/550	130	Kapsel
Sputnik IV (s)	1960 ε	15. 5.	$91^{m}\!.2$	315/380	2500	Rückkehr mißlang
Midas II (a)	1960 ζ	24. 5.	$94^{m}\!.5$	490/520	1400	Infrarotsuchgerät
Transit 2A (a)	1960 η	22. 6.	$101^{m}\!.7$	640/1060	100 +20	2 Satelliten i. Umlauf (Transit 2A + Greb)
Discoverer XIII (a)	1960 ϑ	10. 8.	$94^{m}\!.1$	259/695	770	
Echo I (a)	1960 ι	12. 8.	$118^{m}\!.3$	1520/1680	88	Ballonsatellit
Discoverer XIV (a)	1960 χ	18. 8.	$94^{m}\!.5$	182/785	770	Kapsel
Sputnik V (s)	1960 λ	19. 8.	$90^{m}\!.7$	278/400	4600	Erfolgreiche Rück-kehr zur Erde

Name	Astronomische Bezeichnung	Start- datum	Anfangs- Umlaufz.	Anf.-Höhe Min./Max. km	Gewicht kg	Aufgaben und Instrumente
Discoverer XV (a)	1960 μ	13. 9.	94^m2	205/750	770	Kapsel nicht geborgen
Courier 1B (a)	1960 ν	4.10.	106^m8	945/1237	226	Nachrichten- Übermittlung
Explorer VIII (a)	1960 ξ	3.11.	112^m8	420/2300	41	Elektrisches Feld, Meteorhäufigkeit
Discoverer XVII (a)	1960 o	12.11.	96^m5	185/1000	1000	Kapsel
Tiros II (a)	1960 π	23.11.	98^m2	610/740	127	Wetterbeobachtung
Sputnik VI (s)	1960 ρ	1.12.	88^m6	180/240	4563	Mißglückte Rückkehr
Discoverer XVIII (a)	1960 σ	7.12.	93^m8	230/685	1000	Kapsel geborgen
Discoverer XIX (a)	1960 τ	20.12.	92^m0	210/630	1000	Vorbereitung zum bemannten Flug

b) *Die wichtigsten ersten Planetensonden*

Name	Startdatum	Aufgaben
Mariner 2 (a)	26. 8. 1962	Vorbeiflug Venus 14.12. in 34 830 km Distanz
Mariner 4 (a)	28.11. 1964	Vorbeiflug Mars 15. 7. 65 in 9 789 km Distanz Erste Nahaufnahmen vom Mars
Venera 4 (s)	12. 6. 1967	Eindringen in Venusatmosphäre 19.10.
Mariner 5 (a)	14. 6. 1967	Vorüberflug Venus 19.10. in 3 968 km
Venera 5 (s)	5. 1. 1969	Eindringen in Venusatmosphäre 16. 5.
Venera 6 (s)	10. 1. 1969	Eindringen in Venusatmosphäre 17. 5.
Venera 7 (s)	18. 8. 1970	Landung auf Venusoberfläche 15.12. Datenübertragung
Mars 2 (s)	19. 5. 1971	Marsumlaufbahn. Kapselabsturz 27.11.
Mars 3 (s)	28. 5. 1971	Marsumlaufbahn. Kapsellandung 3.12.
Mariner 9 (a)	30. 5. 1971	Marsumlaufbahn 14.11. Daten und Aufnahmen fast der gesamten Marsoberfläche
Pionier 10 (a)	2. 3. 1972	Vorüberflug Jupiter 3.12. 73. Fotos und Daten
Venera 8 (s)	26. 3. 1972	Landung Venusoberfläche 22. 7. Datenübertragung
Pionier 11 (a)	5. 4. 1973	Vorüberflug Jupiter 2.12. 74, Saturn 1. 9. 79
Mariner 10 (a)	3.11. 1973	Vorbeiflug Venus 5. 2. 74, dreimal an Merkur (ab 29. 3. 74)
Venera 9 (s)	8. 6. 1975	Landung Venusoberfläche 21.10. Daten und Aufnahmen
Venera 10 (s)	14. 6. 1975	Landung Venusoberfläche 25.10. Daten und Aufnahmen
Viking 1 (a)	20. 8. 1975	Landung Marsoberfläche 20. 7. 76. Daten und Aufnahmen
Viking 2 (a)	9. 9. 1975	Landung Marsoberfläche 3. 9. 76. Daten und Aufnahmen
Voyager 2 (a)	20. 8. 1977	Vorüberflug Jupiter 9. 7. 79, Saturn 12.11.80, Uranus 24.1. 86, Neptun ca. 24. 8. 89
Voyager 1 (a)	5. 9. 1977	Vorüberflug Jupiter 5. 3. 79, Saturn 25. 8. 81
Pionier-Venus 1 (a)	20. 5. 1978	Venus 4.12. Orbiter, Radarabtastung Oberfläche
Pionier-Venus 2 (a)	8. 8. 1978	Landung Venusoberfläche 4.12.
Venera 11 (s)	9. 9. 1978	Landung Venusoberfläche 21.12.
Giotto (europ.)	2. 7. 1985	Erforschung Halleyscher Komet 14. 3. 86 (Vorüberflug)

c) *Die wichtigsten ersten Mondsonden und -flüge*

Name	Startdatum	Aufgaben
Luna 1 (s)	2. 1. 1959	Vorüberflug Mond in 6 000 km Distanz
Luna 2 (s)	12. 9. 1959	Harte Landung
Luna 3 (s)	4.10. 1959	Erste Aufnahmen Mondrückseite
Ranger 7 (a)	28. 7. 1964	Harte Landung, vorher Nahaufnahmen
Luna 9 (s)	31. 1. 1966	Weiche Landung, Aufnahmen Oberfläche
Luna 10 (s)	31. 3. 1966	Umkreisung, Aufnahmen Oberfläche
Surveyor 1 (a)	30. 5. 1966	Weiche Landung, Aufnahmen Oberfläche
Lunar Orbiter 1 (a)	10. 8. 1966	Umkreisung, Aufnahmen Oberfläche
Apollo 8 (a)	21.12. 1968	Bemannte Umkreisung (Lovell, Bormann, Anders)
Apollo 11 (a)	16. 7. 1969	Bemannte Landung 20. 7. 0°,7N, 23°,4E (Armstrong, Aldrin; Collins im Mutterschift)
Apollo 12 (a)	14.11. 1969	Bemannte Landung 19.11. 3°,2S, 23°,8W (Conrad, Bean; Gordon)
Luna 16 (s)	12. 9. 1970	Unbemannte Landung, Rückkehr Kapsel mit Mondgestein
Luna 17 (s)	10.11. 1970	Unbemannte Landung, Autom. Fahrzeug Lunochod
Apollo 14 (a)	31. 1. 1971	Bemannte Landung 5. 2. 3°,7S, 17°,5W (Shepard, Mitchell; Rossa)
Apollo 15 (a)	26. 7. 1971	Bemannte Landung 30. 7. 26°,1N, 3°,7E (Scott, Irwin; Worden)
Apollo 16 (a)	16. 4. 1972	Bemannte Landung 21. 4. 8°,6S, 15°,5E (Young, Duke; Mattingley)
Apollo 17 (a)	7.12. 1972	Bemannte Landung 11.12. 21°,2N, 30°,6E (Cernan, Schmitt; Evans)

STERNWARTEN IN ALLER WELT

a) *Die größten Reflektoren* (effektive Öffnung über 2 m)

Observatorium	effektive Öffnung in cm
Zelenchuk/Kaukasus, UdSSR	600
Mount Palomar (Hale-Reflektor)/Kalifornien, USA	508
Mount Hopkins/Arizona (Multi Mirror-Telescope), USA	446 (6x1,82)
Cerro Tololo (Interamerican Observatory), Chile	401
Kitt Peak/Arizona, USA	401/228/213
Coonabarabran (Siding Spring Obs., anglo-austr.), Australien	390
Mt. Stromlo, Australien	381
Mauna Kea/Hawaii, kanad.-franz. Observatorium	360
britisches Observatorium	380
NASA-Observatorium	300
Universität von Hawaii, alle USA	220
La Silla (ESO, europ. Süd-Observatorium), Chile	360
Calar Alto (Max-Planck-Inst. für Astronomie), Spanien	350/220
Lick-Observatorium Mount Hamilton/Kalifornien, USA	305
Fort Davis/Texas (McDonald-Observatorium), USA	272
Krim, UdSSR	264
Byurakan/Armenien, UdSSR	260
Mount Wilson (Hooker-Reflektor)/Kalifornien, USA	254
Cerro Las Campanas (Carnegie Southern Observatory), Chile	254
La Palma (Royal Greenwich Observatory), Spanien	252
Mount Jelm (University of Wyoming), USA	230
Ondrejov, CSSR	200
Pic du Midi/Pyrenäen, Frankreich	200

b) *Die größten Refraktoren* (Öffnung über 75 cm)

Observatorium	Öffnung in cm
Williams Bay bei Chicago (Yerkes-Observatorium), USA	102
Mount Hamilton (Lick-Observatorium)/Kalifornien, USA	91
Paris-Meudon, Frankreich	83
Potsdam (Astrophysikalisches Observatorium), DDR	81
Pittsburgh (Allegheny-Observatorium), USA	76
Nizza, Frankreich	76

c) Große Radioteleskope

Observatorium	Auffangfläche in m² bzw. Durchmesser in m
Hoskintown (Cornell Sydney-Universität), Australien	17 000 m²
Bologna, Italien	35 000 m²
Borrego Springs/Kalifornien, USA	76 000 m²
Serpukhov (Lebedew Phys. Institut Moskau), UdSSR	80 000 m²
Effelsberg (Max-Planck-Institut für Radioastronomie), BRD	100 m
Green Bank/W.-Virginia, USA	92 m
Jodrell Bank (University of Manchester), Großbritannien	76 m
Parkes, Australien	64 m
Goldstone/Kalifornien (Jet Propulsion Lab.), USA	64 m
Robledo (National Inst. of Aerospace Techn.), Spanien	64 m
Tidbinbilla (Jet Propulsion Lab.), Australien	64 m
Socorro/New Mexico (Nat. Radio Astr. Obs.), USA	27 x 25 m
Westerbork (Netherl. Found. of Radioas.), Niederlande	14 x 25 m
Cambridge (Mullard Radioastr. Obs.), Großbritannien	8 x 13 m
Big Pine/Kalifornien (Owens Valley Radio Obs.), USA	1 x 40 m / 2 x 27 m
Stanford/Kalifornien, USA	5 x 18 m

d) Größere Volkssternwarten und Planetarien im deutschsprachigen Raum (Bundesrepublik Deutschland, Schweiz, Österreich, Elsaß)

Aachen:	Volkssternwarte, Am Hangeweiher, 5100 Aachen
Berlin:	Wilhelm-Foerster-Sternwarte mit Planetarium, Munsterdamm 90, 1000 Berlin 41
Bochum:	Planetarium, Castroper Str. 67, 4630 Bochum 1
Bonn:	Volkssternwarte e. V., Poppelsdorfer Allee 47, 5300 Bonn 1
Bremen:	Planetarium und Sternwarte der Olbers-Gesellschaft, Hochschule für Nautik, Werderstr. 73, 2800 Bremen
Carona:	Feriensternwarte Calina, Postfach 331, CH-9004 St. Gallen
Darmstadt:	Volkssternwarte e. V., Helfmannstr. 26, 6100 Darmstadt
Dortmund:	Sternwarte des Astronomischen Vereins Dortmund e. V., Westfalenpark, 4600 Dortmund
Düsseldorf:	Benzenberg-Sternwarte Benrath (Kontaktadresse: Astronomische Vereinigung Düsseldorf, Steinkaul 4, 4000 Düsseldorf 13)
Erkrath:	Sternwarte Neanderhöhe Hochdahl mit Stellarium, Hildenerstr. 17, 4006 Erkrath 2
Essen:	Walter-Hohmann-Sternwarte, Wallneyer Str. 159, 4300 Essen 1
Frankfurt/Main:	Sternwarte des Physikalischen Vereins, Robert-Mayer-Str. 2a, 6000 Frankfurt/Main
Freiburg i. Br.:	Richard-Fehrenbach-Planetarium, Friedrichstr. 51, 7800 Freiburg i. Br.
Glücksburg:	Planetarium und Sternwarte, Fördestr. 35, 2392 Glücksburg
Hamburg:	Planetarium, Wasserturm im Stadtpark, 2000 Hamburg 60
Hannover:	Planetarium der Bismarckschule, An der Bismarckschule 5, 3000 Hannover

Hof:	Volkssternwarte Hof, Egerländerweg 25, 8670 Hof
Kassel:	Astronomischer Arbeitskreis Kassel e. V., Erich-Klabunde-Str. 81, 3500 Kassel
Kiel:	Planetarium, Knooper Weg 62, 2300 Kiel 1
Klagenfurt:	Raumflugplanetarium, Villacher Str. 239, A-9020 Klagenfurt (mit Sternwarte Kreuzbergl)
Köln:	Volkssternwarte, Nikolausstr. 55, 5000 Köln
Laupheim:	Sternwarte, Carl-Lämmle-Weg 5, 7958 Laupheim
Luzern:	Planetarium Longines im Verkehrshaus, Lidostr. 5, CH-6000 Luzern
Mannheim:	Planetarium, Wilhelm-Varnholt-Platz 1, 6800 Mannheim 1
Mönchengladbach:	F. W. Bessel-Institut, Hoffnungstr. 6, 4050 Mönchengladbach
München:	Bayerische Volkssternwarte und Planetarium, Anzingerstr. 1, 8000 München 80
	Planetarium des Deutschen Museums, Museumsinsel 1, 8000 München 26
Münster:	Planetarium des Naturkunde-Museums, Sentruper Str. 285, 4400 Münster
Nordenham:	Sternwarte und Planetarium, Bahnhofstr. 52, 2890 Nordenham
Nürnberg:	Nicolaus-Copernicus-Planetarium, Am Plärrer 41, 8500 Nürnberg (mit Sternwarte, Regiomontanusweg 1)
Paderborn:	Sternwarte, Hohefeld 24, 4790 Paderborn
Recklinghausen:	Westfälische Volkssternwarte und Planetarium, Stadtgarten 6, 4350 Recklinghausen
Remscheid:	Sternwarte, Bismarckturm, 5630 Remscheid
Reutlingen:	Sternwarte und Planetarium, Karlstr. 40, 7410 Reutlingen
Solingen:	Sternwarte, Sternstr. 5, 5650 Solingen 19
Straßburg:	Planetarium, Rue de l'Observatoire, F-6700 Strasbourg
Stuttgart:	Planetarium, Neckarstr. 47, 7000 Stuttgart 1
	Schwäbische Sternwarte, Zur Uhlandshöhe 41, 7000 Stuttgart 1
Violau:	Sternwarte des Bruder-Klaus-Heimes, 8900 Violau 84
Wetzlar:	Sternwarte Burgsolms, Lindenstr. 1, 6336 Solms
Wien:	Planetarium, Oswald-Thomas-Platz 1, A-1020 Wien
	Urania-Sternwarte, Uraniastr. 1, A-1010 Wien
	Kuffner-Sternwarte, Johann-Staud-Str. 10, A-1160 Wien
Wolfsburg:	Planetarium, Uhlandweg 2, 3180 Wolfsburg
Zürich:	Urania-Sternwarte, Uraniastr. 9, CH-8000 Zürich

WICHTIGE ASTRONOMISCHE ORGANISATIONEN

Für die ganze Erde:
Internationale Astronomische Union (IAU)

Für die deutschsprachige Fachastronomie:
Astronomische Gesellschaft (AG)

Für die Amateurastronomen:
Vereinigung der Sternfreunde (VdS), Geschäftsstelle Anzinger Str. 1, 8000 München 80
Österreichischer Astronomischer Verein, Seegasse 8, A-1090 Wien
Schweizerische Astronomische Gesellschaft (SAG), Zentralsekretariat Hirtenhofstr. 9,
CH-6005 Luzern

WICHTIGE HIMMELSEREIGNISSE 1986–2000

Die Sichtbarkeitsverhältnisse der Planeten

Merkur und Venus

Nachstehende Tabelle gibt die Zeitpunkte der größten Elongationen zur Sonne an. In der östlichen Elongation sind diese Planeten am Abendhimmel (als Abendstern) im Westen, in der westlichen Elongation am Morgenhimmel (als Morgenstern) im Osten sichtbar. Merkur kann allerdings normalerweise mit bloßem Auge nur beobachtet werden, wenn die östliche Elongation in die Monate Januar bis Mai und die westliche Elongation in die Monate Juli bis Dezember fällt.

Jahr	Merkur gr. östl. Elongation				Merkur gr. westl. Elongation				Venus gr. östl. Elongat.	Venus gr. westl. Elongat.
1986	28.2.	25.6.	21.10.		13.4.	11.8.	30.11.		27. 8.	–
1987	12.2.	7.6.	4.10.		26.3.	25.7.	13.11.		–	15. 1.
1988	26.1.	19.5.	15. 9.		8.3.	6.7.	26.10.		3. 4.	22. 8.
1989	9.1.	1.5.	29. 8.	23.12.	18.2.	18.6.	10.10.		8.11.	–
1990	13.4.	11.8.	6.12.		1.2.	31.5.	24. 9.		–	30. 5.
1991	27.3.	25.7.	19.11.		14.1.	12.5.	7. 9.	27.12.	13. 6.	2.11.
1992	9.3.	6.7.	31.10.		23.4.	21.8.	9.12.		–	–
1993	21.2.	17.6.	14.10.		5.4.	4.8.	22.11.		19. 1.	10. 6.
1994	4.2.	30.5.	26. 9.		19.3.	17.7.	6.11.		24. 8.	–
1995	19.1.	12.5.	9. 9.		1.3.	29.6.	20.10.		–	23. 1.
1996	2.1.	23.4.	21. 8.	15.12.	11.2.	10.6.	3.10.		1. 4.	20. 8.
1997	6.4.	4.8.	28.11.		24.1.	22.5.	16. 9.		6.11.	–
1998	20.5.	17.7.	11.11.		6.1.	4.5.	31. 8.	20.12.	–	27. 3.
1999	3.3.	28.6.	24.10.		16.4.	14.8.	3.12.		11. 6.	30.10.
2000	15.2.	9.6.	6.10.		28.3.	27.7.	15.11.		–	–

Mars, Jupiter und Saturn

Nachstehende Tabelle gibt die Zeitpunkte der Oppositionen zur Sonne an, zu denen die Planeten die ganze Nacht über dem Horizont stehen. Bei Mars ist auch der kleinste Erdabstand angegeben, der allerdings meist einige Tage vor oder nach dem Oppositionstermin eintritt.

Jahr	Mars Opposition	Mars Erdabstand (Mill. km)	Jupiter Opposition	Saturn Opposition
1986	10.7.	60	10.9.	28.5.
1987	–	–	18.10.	9.6.
1988	28.9.	59	23.11.	20.6.
1989	–	–	27.12.	2.7.
1990	27.11.	77	–	14.7.
1991	–	–	29.1.	27.7.
1992	–	–	29.2.	7.8.
1993	7.1.	94	30.3.	19.8.

(Fortsetzung)

Jahr	Mars Opposition	Erdabstand (Mill. km)	Jupiter Opposition	Saturn Opposition
1994	–	–	30. 4.	1. 9.
1995	12. 2.	101	1. 6.	14. 9.
1996	–	–	4. 7.	26. 9.
1997	17. 3.	99	9. 8.	10. 10.
1998	–	–	16. 9.	23. 10.
1999	24. 4.	87	23. 10.	6. 11.
2000	–	–	28. 11.	19. 11.

Sonnen- und Mondfinsternisse 1986 bis 2000

Abkürzungen:
S = Sonnenfinsternis, M = Mondfinsternis, p = partiell, t = total, r = ringförmig,
rt = teils ringförmig, teils total, h = Halbschatten-Finsternis (beim Mond)

1986	24. 4.	tM	1991	15. 1.	rS	1995	24. 10.	ts
	3. 10.	rtS		27. 6.	hM	1996	4. 4.	tM
	17. 10.	tM		11. 7.	tS		27. 9.	tM
1987	29. 3.	rtS		26. 7.	hM	1997	9. 3.	tS
	14. 4.	hM		21. 12.	pM		24. 3.	pM
	23. 9.	rS	1992	4. 1.	rS		16. 9.	tM
	7. 10.	hM		15. 6.	pM	1998	26. 2.	tS
1988	3. 3.	hM		30. 6.	tS		13. 3.	hM
	18. 3.	tS		9. 12.	tM		8. 8.	hM
	27. 8.	pM	1993	4. 6.	tM		22. 8.	rS
	11. 9.	rS		29. 11.	tM		6. 9.	hM
1989	20. 2.	tM	1994	10. 5.	rS	1999	31. 1.	hM
	17. 8.	tM		25. 5.	pM		16. 2.	rS
1990	26. 1.	rS		3. 11.	tS		28. 7.	pM
	9. 2.	tM		18. 11.	hM		11. 8.	tS
	22. 7.	tS	1995	15. 4.	pM	2000	21. 1.	tM
	6. 8.	pM		29. 4.	rS		16. 7.	tM
1991	30. 1.	hM		8. 10.	hM			

Die nächste totale Sonnenfinsternis, die auf deutsches Gebiet fällt, findet am 11. August 1999 statt. Die Totalitätszone verläuft quer durch Süddeutschland, etwa auf der Linie Straßburg–Ulm–Starnberg–Salzburg.

Ostertermine

1986	30. 3.	1991	31. 3.	1996	7. 4.
1987	19. 4.	1992	19. 4.	1997	30. 3.
1988	3. 4.	1993	11. 4.	1998	12. 4.
1989	26. 3.	1994	3. 4.	1999	4. 4.
1990	15. 4.	1995	16. 4.	2000	23. 4.

VOLLSTÄNDIGES VERZEICHNIS ALLER STERNBILDER

Insgesamt gibt es 88 Sternbilder, davon entfallen 32 auf die Nordhalbkugel, 47 auf die Südhalbkugel, 9 Sternbilder liegen teils auf der Nordhalbkugel, teils auf der Südhalbkugel. Kleine Überlappungen blieben dabei unberücksichtigt.

Nördliche Sternbilder

Zahl der Sterne bis 6^m7 nach Heis

Lateinischer Name	Genitiv	Deutscher Name	Internat. Abkürzung	Sternzahl
Andromeda	Andromedae	Andromeda	And	139
Aries	Arietis	Widder	Ari	80
Auriga	Aurigae	Fuhrmann	Aur	144
Bootes	Bootis	Bootes, Bärenhüter, Ochsentreiber	Boo	140
Camelopardalis	Camelopardalis	Giraffe	Cam	138
Canes venatici	Canum venaticorum	Jagdhunde	CVn	88
Cancer	Cancri	Krebs	Cnc	92
Canis minor	Canis minoris	Kleiner Hund	CMi	37
Cassiopeia	Cassiopeiae	Cassiopeia	Cas	126
Cepheus	Cephei	Cepheus	Cep	159
Coma	Comae	Haar der Berenike	Com	70
Corona borealis	Coronae borealis	Nördliche Krone	CrB	31
Cygnus	Cygni	Schwan	Cyg	197
Delphinus	Delphini	Delphin	Del	31
Draco	Draconis	Drache	Dra	220
Equuleus	Equulei	Füllen	Equ	16
Gemini	Geminorum	Zwillinge	Gem	106
Hercules	Herculis	Herkules	Her	227
Lacerta	Lacertae	Eidechse	Lac	48
Leo	Leonis	Löwe	Leo	161
Leo minor	Leonis minoris	Kleiner Löwe	LMi	40
Lynx	Lyncis	Luchs	Lyn	87
Lyra	Lyrae	Leier	Lyr	69
Pegasus	Pegasi	Pegasus	Peg	178
Perseus	Persei	Perseus	Per	136
Pisces	Piscium	Fische	Psc	128
Sagitta	Sagittae	Pfeil	Sge	18
Taurus	Tauri	Stier	Tau	188
Triangulum	Trianguli	Dreieck	Tri	30
Ursa maior	Ursae maioris	Großer Bär	UMa	227
Ursa minor	Ursae minoris	Kleiner Bär	UMi	54
Vulpecula	Vulpeculae	Füchschen	Vul	62

Südliche Sternbilder

Zahl der Sterne bis 7^m0 nach Gould

Ein + bedeutet, daß das Sternbild zum großen Teil auch auf der nördlichen Hemisphäre liegt.

Lateinischer Name	Genitiv	Deutscher Name	Internat. Abkürzung	Sternzahl
Antlia	Antliae	Luftpumpe	Ant	85
Apus	Apudis	Paradiesvogel	Aps	67
Aquarius	Aquarii	Wassermann	Aqr	276
+ Aquila	Aquilae	Adler	Aql	146
Ara	Arae	Altar	Ara	86
Caelum	Caeli	Grabstichel	Cae	28
Canis maior	Canis maioris	Großer Hund	CMa	178
Capricornus	Capricorni	Steinbock	Cap	134
Carina	Carinae	Schiffskiel	Car	268
Centaurus	Centauri	Centaur	Cen	389
+ Cetus	Ceti	Walfisch	Cet	321
Chamaeleon	Chamaeleontis	Chamaeleon	Cha	50
Circinus	Circini	Zirkel	Cir	48
Columba	Columbae	Taube	Col	112
Corona australis	Coronae australis	Südliche Krone	CrA	49
Corvus	Corvi	Rabe	Crv	53
Crater	Crateris	Becher	Crt	53
Crux	Crucis	Kreuz	Cru	54
Dorado	Doradus	Schwertfisch	Dor	43
Eridanus	Eridani	Eridanus	Eri	293
Fornax	Fornacis	Chemischer Ofen	For	110
Grus	Gruis	Kranich	Gru	106
Horologium	Horologii	Pendeluhr	Hor	68
+ Hydra	Hydrae	weibl. Wasserschlange	Hya	393
Hydrus	Hydri	männl. Wasserschlange	Hyi	64
Indus	Indi	Indianer	Ind	84
Lepus	Leporis	Hase	Lep	103
Libra	Librae	Waage	Lib	122
Lupus	Lupi	Wolf	Lup	159
Mensa	Mensae	Tafelberg	Men	44
Microscopium	Microscopii	Mikroskop	Mic	69
+ Monoceros	Monocerotis	Einhorn	Mon	165
Musca	Muscae	Fliege	Mus	75
Norma	Normae	Winkelmaß	Nor	64
Octans	Octantis	Oktant	Oct	88
+ Ophiuchus	Ophiuchi	Schlangenträger	Oph	209
+ Orion	Orionis	Orion	Ori	186
Pavo	Pavonis	Pfau	Pav	129
Phoenix	Phoenicis	Phoenix	Phe	139

Lateinischer Name	Genitiv	Deutscher Name	Internat. Abkürzung	Sternzahl
Pictor	Pictoris	Maler	Pic	67
Piscis austrinus	Piscis austrini	Südlicher Fisch	PsA	75
Puppis	Puppis	Schiff Argo (Hinterdeck)	Pup	313
Pyxis	Pyxidis	Kompaß	Pyx	65
Reticulum	Reticuli	Netz	Ret	34
Sagittarius	Sagittarii	Schütze	Sgr	298
Scorpius	Scorpii	Skorpion	Sco	185
Sculptor	Sculptoris	Bildhauer	Scl	131
Scutum	Scuti	Schild	Sct	33
+ Serpens	Serpentis	Schlange	Ser	123
+ Sextans	Sextantis	Sextant	Sex	75
Telescopium	Telescopii	Fernrohr	Tel	87
Triangulum australe	Trianguli australis	Südliches Dreieck	TrA	46
Tucana	Tucanae	Tukan	Tuc	81
Vela	Velorum	Segel	Vel	248
+ Virgo	Virginis	Jungfrau	Vir	271
Volans	Volantis	Fliegender Fisch	Vol	46

Erläuterungen zu den Tabellen Seite 86 – 116

M Hier wird kurz die Herkunft oder der griechische *mythologische Hintergrund* des Sternbilds erläutert.

H Für die wichtigsten *Hauptsterne* des Sternbilds wird der gebräuchliche arabische, lateinische oder griechische Name angegeben und erläutert. Ein ' weist auf die Betonung hin.

D Für die mit kleineren Instrumenten trennbaren *Doppelsterne* wird die Bezeichnung (Bez.), die Rektaszension und Deklination (Rekt. und Dekl.), die Helligkeit und der Spektraltyp der Komponenten (Helligkeit und Sp.) angegeben. Es folgt der Positionswinkel (PW) des schwächeren Begleiters in bezug auf den Hauptstern. Er wird von N über O, S und W nach N von 0° bis 360° gezählt. In der Spalte Dist. wird die gegenseitige Distanz der Komponenten in Bogensekunden angegeben. Unter Lj steht die Entfernung in Lichtjahren. In der Spalte Kl. bedeutet ph physischer und op optischer Doppelstern. In Zweifelsfällen ist ein ? zu finden. Die Spalte I gibt Auskunft über die Öffnung des Instruments in Zoll (1 Zoll = 2.54 cm), das den Doppelstern gerade noch zu trennen vermag. Ein F bedeutet hier Feldstecher. Ist in der Spalte „Helligkeit" und „Sp" nur eine Angabe zu finden, so bezieht sich diese auf die hellere Komponente des Systems.

V Die mit bloßem Auge wenigstens während ihres Maximums sichtbaren *Veränderlichen,* die keinen allzu geringen Helligkeitswechsel zeigen, sind hier zusammengestellt.

S Die in kleineren Instrumenten sichtbaren *Sternhaufen* sind hier zu finden. Am Beginn findet sich die Katalogbezeichnung nach dem „New General Catalogue" (NGC), nach Messier (M) oder nach einem andern Katalog. Am Schluß findet sich die Öffnung des Instruments in Zoll (z. B. 2"), die zur Beobachtung unter normalen Verhältnissen erforderlich ist.

N Die galaktischen und außergalaktischen *Nebel* bis etwa 9^m Gesamthelligkeit sind hier angegeben.

An der Spitze jeder Sternbild-Beschreibung findet sich zunächst der deutsche und anschließend der lateinische Name. In Klammern folgt der Genitiv der lateinischen Bezeichnung. Rechts außen sind die international gebräuchlichen Abkürzungen angegeben. Die Örter beziehen sich jeweils auf das Äquinoktium 2000. Jährliche Veränderung infolge der Präzession s. S. 73.

DIE STERNBILDER UND IHRE OBJEKTE
(Erläuterungen siehe Seite 85)

ADLER – *Aquila* (Gen.: *Aquilae*) **Aql**

M Dieser Adler raubte den Knaben Antinous, der auf dem Olymp Diener und Mundschenk der Götter wurde.

H α: Altáir, Atáir („Der fliegende Adler")
β: Alschain, Alshain („Waagebalken")
γ: Tarazéd, Tarzénd („Waage")
ζ: Déneb el Okab, Deneb-al-Okab („Schwanz des Adlers")

D	Bez.	Rekt.	Dekl.	Helligkeit	Sp.	PW	Dist.	Lj	Kl.	I	Bem.
	5	18^h46^m	$-1°0$	$6^m0/7^m8$	A0/A0	121°	$13''0$	230?	?	2"	
	15	19^h05^m	$-4°0$	$5^m5/7^m2$	K0/K0	209°	$38''4$	390	op	F	
	57	19^h55^m	$-8°2$	$5^m8/6^m5$	B3/B	170°	$36''1$	470?	ph?	F	

V R Aql: Rekt. $= 19^h06^m$, Dekl. $= +8°2$. Langperiodisch. Helligkeit $5^m2 - 12^m1$. Periode 284 Tage. Spektrum M7e

U Aql: Rekt. $= 19^h29^m$, Dekl. $= -7°0$. δ-Cephei-Stern. Helligkeit $6^m1 - 6^m9$. Periode 7.02 Tage. Spektrum F5–G1.

η Aql: Rekt. $= 19^h52^m$, Dekl. $= +1°0$. δ-Cephei-Stern. Helligkeit $3^m5 - 4^m4$. Periode 7.18 Tage. Spektrum F6–G4.

S NGC 6709: Rekt. $= 18^h52^m$, Dekl. $= +10°4$. Offener Sternhaufen. Durchmesser 12'. 40 Einzelsterne. Helligkeit $9 - 12^m$. Entfernung 3000 Lj. 2".

N „Dreiteilige Dunkelhöhle im Adler": Rekt. $= 19^h41^m$, Dekl. $= +10.9°$. Wenig westlich γ Aql. Für lichtstarke Instrumente, auch Feldstecher.

ANDROMEDA – *Andromeda* (Gen.: *Andromedae*) **And**

M Äthiopische Königstochter. Wurde gemäß einem Orakelspruch an einen Felsen geschmiedet und dem Walfisch zum Fraß überlassen. Perseus verwandelte diesen mit Hilfe des Medusenhauptes in einen Felsblock und befreite Andromeda.

H α: Alpherát, Alperátz („Schulter des Pferdes", nämlich von Pegasus!), auch Sirrah („Nabel")
β: Mirách („Schurz")
γ: Almak („Der Wüstenluchs")

D	Bez.	Rekt.	Dekl.	Helligkeit	Sp.	PW	Dist.	Lj	Kl.	I	Bem.
	π	0^h37^m	$+33°7$	$4^m4/8^m6$	B3/?	173°	$36''0$	390	ph?	2"	1)
	56	1^h56^m	$+37°2$	$5^m7/6^m0$	K0/K2	300°	$190''0$	245	op	F	
	γ	2^h03^m	$+42°3$	$2^m3/5^m1$	K0/A0	64°	$10''0$	120	op	2"	2)

Bemerkung: 1) A Spektroskopischer Doppelstern, Umlaufzeit 144 Tage. 2) B hat weiteren Begleiter 6^m6 in 0.4" Distanz. Umlaufzeit 61.1 Jahre

V R And: Rekt. $= 0^h24^m$, Dekl. $= +38°6$. Langperiodisch. Periode 409 Tage. Helligkeit $5^m_.8–14^m_.9$.

S NGC 752: Rekt. $= 1^h58^m$, Dekl. $= +37°7$. Weit zerstreuter großer Sternhaufen. Durchmesser 45'. 70 Einzelsterne. Entfernung 1300 Lj. 2".

N NGC 7662: Rekt. $= 23^h26^m$, Dekl. $= +42°5$. Planetarischer Nebel. Durchmesser 32 x 28". Entfernung 3900 Lj. Gesamte Helligkeit $8^m_.9$. Zentralstern $12^m_.5$. Nebel im 3" sichtbar, Zentralstern mit über 6" Öffnung.

M 31/NGC 224: Rekt. $= 0^h43^m$, Dekl. $= +41°3$. Spiralnebel. Helligkeit $4^m_.9$. Scheinbarer Durchmesser 160 x 40'. Entfernung 2,3 Millionen Lj. Wahrer Durchmesser 150 000 Lj. Schon mit bloßem Auge sichtbar (Großer Andromedanebel).

M 32/NGC 221: Rekt. $= 0^h42^m$, Dekl. $= +40°9$. Elliptischer Begleiter von M 31. Scheinbarer Durchmesser 3 x 2'. Helligkeit $8^m_.7$. Im 4" sichtbar.

NGC 205: Rekt. $= 0^h40^m$, Dekl. $= +41°7$. Elliptischer Begleiter von M 31. Scheinbarer Durchmesser 8 x 3'. Helligkeit $9^m_.4$. Im 4" sichtbar.

BECHER – Crater   (Gen.: Crateris)   **Crt**

M Es ist der goldene Becher, mit dem der Rabe für Apollo frisches Wasser holen sollte.

H α: Alkés („Krug")

D	Bez.	Rekt.	Dekl.	Helligkeit	Sp.	PW	Dist.	Lj	Kl.	I	Bem.
	γ	11^h25^m	$-17°7$	$4^m_.1/9^m_.6$	A5/?	96°	5".2	78	ph?	4"	

BOOTES – Bootes   (Gen.: Bootis)   **Boo**

M Bootes bedeutet eigentlich Ochsentreiber. Gelegentlich wird das Sternbild auch als Bärenhüter bezeichnet.

H α: Arktúr („Jäger, der die Bärin im Auge behält")
β: Nekbár („Der Ochsentreiber") oder Méres
γ: Ceginus (Cheguius, Wiedergabe eines arabischen Schriftzugs für Bootes)
ε: Mirák, Mirách, Micár („Schurz")
η: Muphrid („Der einzelne Stern des Lanzenbewaffneten")
μ: Alkaluróps („Der auf dem Hirtenstab)

D	Bez.	Rekt.	Dekl.	Helligkeit	Sp.	PW	Dist.	Lj	Kl.	I	Bem.
	$ϰ^2$	14^h13^m	$+51°8$	$4^m_.6/6^m_.6$	A7/F2	236°	13".2	125	?	2"	
	ι	14^h16^m	$+51°4$	$4^m_.9/7^m_.5$	A7/A2	33°	38".4	91	ph?	F	
	Σ 1835	14^h23^m	$+ 8°4$	$5^m_.1/6^m_.6$	A1/F2	192°	6".4	108	ph?	2"	1)
	π	14^h41^m	$+16°4$	$4^m_.9/5^m_.8$	B9/A5	108°	5".6	130	ph?	2"	
	ζ	14^h41^m	$+13°7$	$4^m_.6/4^m_.6$	A2/A2	303°	1".0	230	ph	5"	
	ε	14^h45^m	$+27°1$	$2^m_.5/4^m_.9$	K0/A0	338°	2".9	150	ph	4"	
	ξ	14^h52^m	$+19°1$	$4^m_.7/7^m_.0$	G8/K4	328°	7".1	23	ph	2"	2)
	μ	15^h25^m	$+37°4$	$4^m_.3/6^m_.7$	F0/K0	171°	108".8	59	ph?	F	3)
	$ν^1/ν^2$	15^h32^m	$+40°9$	$5^m_.2/5^m_.0$	K5/A2		14'			op	F

Bemerkung: 1) Begleiter ist ebenfalls doppelt. Umlaufzeit 40.0 Jahre. 2) Umlaufzeit 149,4 Jahre. 3) Begleiter physisch doppelt ($7\overset{m}{.}1/7\overset{m}{.}8$), 2" Distanz, Umlaufzeit 260 Jahre.

V R Boo: Rekt. $= 14^h37^m$, Dekl. $= +26\overset{\circ}{.}7$. Langperiodisch. Periode 223 Tage. Helligkeit $5\overset{m}{.}9 - 13\overset{m}{.}1$

S NGC 5466: Rekt. $= 14^h06^m$, Dekl. $= +28\overset{\circ}{.}5$. Kugelsternhaufen. Durchmesser 5' oder 80 Lj. Gesamte Helligkeit $8\overset{m}{.}5$. Hellste Einzelsterne 11^m. Entfernung 47 000 Lj. Ab 3".

CASSIOPEIA – *Cassiopeia* (Gen.: *Cassiopeiae*) **Cas**

M Cassiopeia war die Gemahlin von Cepheus, des Königs von Äthiopien. Sie rühmte sich schöner zu sein als alle Meeresnymphen, worauf Poseidon zur Strafe den Walfisch an die Küste des Landes sandte.

H α : Schédir („Brust")
β : Caph, Cheph („Die gefärbte Hand")
δ : Rucbá, Ruchbár („Knie der Frau auf dem Thron")

D

Bez.	Rekt.	Dekl.	Helligkeit	Sp.	PW	Dist.	Lj	Kl.	I	Bem.
σ	23^h59^m	$+55\overset{\circ}{.}8$	$5\overset{m}{.}1/7\overset{m}{.}2$	B1/B3	326°	$3\overset{''}{.}0$	1300	?	3"	
η	0^h49^m	$+57\overset{\circ}{.}8$	$3\overset{m}{.}4/7\overset{m}{.}5$	F9/M1	297°	$11\overset{''}{.}0$	18	ph	2"	1)
ψ	1^h26^m	$+68\overset{\circ}{.}1$	$4\overset{m}{.}7/9\overset{m}{.}6$	K0/?	112°	$25\overset{''}{.}2$	250	ph?	2"	
ι	2^h29^m	$+67\overset{\circ}{.}4$	$4\overset{m}{.}7/7\overset{m}{.}0$	A5/?	233°	$2\overset{''}{.}5$	65	ph	4"	2)
			$4\overset{m}{.}7/8\overset{m}{.}4$	A5/?	116°	$7\overset{''}{.}2$		?	2"	

Bemerkung: 1) Umlaufzeit 480 Jahre. 2) Umlaufzeit 840 Jahre.

V R Cas: Rekt. $= 23^h58^m$, Dekl. $= +51\overset{\circ}{.}4$. Langperiodisch. Periode 430 Tage. Helligkeit $4\overset{m}{.}8 - 13\overset{m}{.}6$.

γ Cas: Rekt. $= 0^h57^m$, Dekl. $= +60\overset{\circ}{.}7$. Unregelmäßig. Helligkeit $1\overset{m}{.}6 - 3\overset{m}{.}3$.

S M 52/NGC 7654: Rekt. $= 23^h24^m$, Dekl. $= +61\overset{\circ}{.}6$. Offener Sternhaufen. Durchmesser 12'. 120 Einzelsterne $9 - 13^m$. Entfernung 5 200 Lj. Ab 2-3".

M 103/NGC 581: Rekt. $= 1^h33^m$, Dekl. $= +60\overset{\circ}{.}7$. Offener Sternhaufen. Durchmesser 5'. 60 Einzelsterne $7 - 11^m$. Entfernung 8 500 Lj. Ab 2".

NGC 663: Rekt. $= 1^h46^m$, Dekl. $= +61\overset{\circ}{.}3$. Offener Sternhaufen. Durchmesser 16'. 80 Einzelsterne 9^m und darunter. Entfernung 7 200 Lj. Ab 2-3".

CEPHEUS – *Cepheus* (Gen.: *Cephei*) **Cep**

M Cepheus war der König von Äthiopien.

H α: Alderámin („Rechter Arm")
β: Alfirk („Scheitel" oder „Schafherde")
γ: Errái, Arrái („Der Hirt")

D

Bez.	Rekt.	Dekl.	Helligkeit	Sp.	PW	Dist.	Lj	Kl.	I	Bem.
ϰ	20ʰ09ᵐ	+77°7	4ᵐ4/8ᵐ4	B9/?	122°	7"4	330	?	2"	
β	21ʰ29ᵐ	+70°6	3ᵐ3/7ᵐ9	B1/A3	250°	13"7	750	?	2"	1)
13 H	21ʰ39ᵐ	+57°5	5ᵐ7/7ᵐ7	Oe5/?	121°	11"7		?	2"	2)
			5ᵐ7/7ᵐ8	Oe5/?	339°	19"9	?	?	2"	
ξ	22ʰ04ᵐ	+64°6	4ᵐ4/6ᵐ5	A3/G	277°	7"7	120	ph	2"	
δ	22ʰ29ᵐ	+58°4	3ᵐ8/6ᵐ3	G0/A0	192°	41"0	1300	ph?	F	3)
o	23ʰ19ᵐ	+68°1	4ᵐ9/7ᵐ1	K0/F6	220°	2"8	260	ph	3"	4)

Bemerkung: 1) A ist veränderlich und spektroskopischer Doppelstern. Umlaufzeit 0.19 Tage. 2) A ist spektroskopischer Doppelstern. Umlaufzeit 3,71 Tage. 3) A ist veränderlich. 4) Umlaufzeit 796 Jahre.

V T Cep: Rekt. = 21ʰ10ᵐ, Dekl. = +68°5. Langperiodisch. Periode 388 Tage. Helligkeit 5ᵐ2–11ᵐ2.

μ Cep: Rekt. = 21ʰ44ᵐ, Dekl. = +58°8. Unregelmäßig. („Herschels Granatstern"). Helligkeit 3ᵐ4–5ᵐ1.

δ Cep: Rekt. = 22ʰ29ᵐ, Dekl. = +58°4. Prototyp der δ Cephei-Sterne. Periode 5,3663 Tage. Helligkeit 3ᵐ5–4ᵐ4. Spektrum F5/G1.

S NGC 6939: Rekt. = 20ʰ31ᵐ, Dekl. = +60°6. Offener Sternhaufen. Durchmesser 5'. 80 Einzelsterne 12–16ᵐ. Entfernung 4000 Lj. Ab 4".

NGC 7142: Rekt. = 21ʰ46ᵐ, Dekl. = 65°8. Offener Sternhaufen. Durchmesser 11' oder 25 Lj. 50 Einzelsterne 11–15ᵐ. Entfernung 3300 Lj. Ab 2–3".

DELPHIN – *Delphinus* (Gen.: *Delphini*) **Del**

M Es war der Delphin, der Arion vor der Beraubung seines Goldes bewahrte.

H ε: Déneb el Delphini („Schwanz des Delphins")

D

Bez.	Rekt.	Dekl.	Helligkeit	Sp.	PW	Dist.	Lj	Kl.	I	Bem.
γ	20ʰ47ᵐ	+16°1	4ᵐ5/5ᵐ5	K1/F6	268°	9"6	75	ph	2"	

DRACHE – *Draco* (Gen.: *Draconis*) **Dra**

M Der Drache war Hüter der goldenen Äpfel. Nur Herkules konnte ihn besiegen.

H α: Thubán („Drache")
γ: Ettanin („Drachenkopf")
δ: Al Táis („Drache")

D	Bez.	Rekt.	Dekl.	Helligkeit	Sp.	PW	Dist.	Lj	Kl.	I	Bem.
	17	16^h36^m	$+52°9$	$5^m4/6^m4$	A2/A0	108°	$3!'4$	330	?	2"	
	17/16			$5^m4/5^m5$	A2/?	194°	$90!'3$	330	?	F	
	μ	17^h05^m	$+54°5$	$5^m8/5^m8$	F5/F5	32°	$1!'9$	70	ph	3"	1)
	v^1/v^2	17^h32^m	$+55°2$	$4^m9/4^m9$	A8/A4	312°	$62!'0$	62	ph?	F	
	ψ	17^h42^m	$+72°1$	$4^m9/6^m1$	F5/F6	16°	$30!'3$	75	?	F	
	40/41	18^h00^m	$+80°0$	$5^m8/6^m2$	F5/F5	232°	$19!'4$	75	?	2"	2)
	39	18^h24^m	$+58°8$	$4^m9/8^m0$	A2/?	351°	$3!'8$	175	ph?	3"	
				$4^m9/7^m4$	A2/F	20°	$89!'0$	150	ph?	F	
	o	18^h51^m	$+59°4$	$4^m8/7^m8$	K0/?	330°	$34!'0$	218	op	F	3)
	ε	19^h48^m	$+70°3$	$3^m8/7^m4$	K0/?	12°	$3!'3$	165	ph	4"	

Bemerkung: 1) Umlaufzeit 482 Jahre. 2) 40 ist spektroskopischer Doppelstern. Umlaufzeit 10,5 Tage. 3) A ist spektroskopischer Doppelstern. Umlaufzeit 138,4 Tage.

N NGC 6543: Rekt. $= 17^h59^m$, Dekl. $= +66°6$. Planetarischer Nebel. Helligkeit 8^m8. Durchmesser 19×22". Zentralstern 11^m. Entfernung 3600 Lj. Ab 2".

DREIECK – *Triangulum*   (Gen.: *Trianguli*)   **Tri**

M Das Dreieck ist ein Sinnbild für das Nildelta und die dort im Altertum beheimatet gewesene Wissenschaft der Alexandriner.

H α: Elmuthálleth, Mothállah („Spitze des Dreiecks")

D	Bez.	Rekt.	Dekl.	Helligkeit	Sp.	PW	Dist.	Lj	Kl.	I	Bem.
	ι	2^h12^m	$+30°3$	$5^m4/7^m0$	G4/F6	71°	$3!'9$	275	ph	3"	1)

Bemerkung: 1) A spektroskopischer Doppelstern. Umlaufzeit 14,7 Tage. B spektroskopischer Doppelstern, Umlaufzeit 2,2 Tage.

V R Tri: Rekt. $= 2^h37^m$, Dekl. $= +34°3$. Langperiodisch. Periode 266 Tage. Helligkeit $5^m3–12^m0$.

N M 33/NGC 598: Rekt. $= 1^h34^m$, Dekl. $= +30°7$. Spiralnebel im Dreieck. Helligkeit 6^m5. Scheinbarer Durchmesser $60 \times 40'$. Entfernung 2.3 Millionen Lj. Nur in Instrumenten über 3–4" beobachtbar. Wegen geringer Flächenhelligkeit erscheint M 33 in Instrumenten normaler Brennweite und üblicher Öffnungsverhältnisse nur schwach.

EIDECHSE – *Lacerta*   (Gen.: *Lacertae*)   **Lac**

M Dieses Sternbild taucht erst in Hevelius' „Firmamentum" 1690 auf, hat also keinen mythologischen Ursprung.

D	Bez.	Rekt.	Dekl.	Helligkeit	Sp.	PW	Dist.	Lj	Kl.	I	Bem.
	8	22^h36^m	$+39°6$	$5^m8/\ 6^m5$	B3/B5	185°	$22!'4$	2800	?	F	
				$5^m8/10^m5$	B3/?	169°	$48!'8$		op	3"	
				$5^m8/\ 9^m3$	B3/?	144°	$81!'8$		op	2"	

S NGC 7243: Rekt. $= 22^h15^m$, Dekl. $= +49°9$. Offener Sternhaufen. Durchmesser 20'. Enthält 40 Einzelsterne 8^m und schwächer. Entfernung 2900 Lj. 2".

EINHORN – *Monoceros* (Gen.: *Monocerotis*) **Mon**

M Das Sternbild hat keinen mythologischen Ursprung. Es ist vermutlich von Bartsch im 17. Jh. eingeführt worden und findet sich auch bei Hevelius.

D	Bez.	Rekt.	Dekl.	Helligkeit	Sp.	PW	Dist.	Lj	Kl	I	Bem.
	ε	6^h24^m	$+4°6$	$4^m5/6^m5$	A5/A5	27°	13″4	180	?	2"	
	β	6^h29^m	$-7°0$	$4^m7/5^m2$	B2/B2	132°	7″3	700	ph	2"	
				$5^m2/6^m1$	B2/?	106°	2″8	700	ph	2"	

V V Mon: Rekt. $= 6^h23^m$, Dekl. $= -2°2$. Langperiodisch. Periode 334 Tage. Helligkeit 6^m0-14^m0.

T Mon: Rekt. $= 6^h25^m$, Dekl. $= +7°1$. δ Cephei-Stern. Helligkeit 5^m6-6^m6. Periode 27,02 Tage.

R Mon: Rekt. $= 6^h39^m$, Dekl. $= +8°7$. Unregelmäßig. Helligkeit 9^m3-14^m. Wird von variablem Nebel umgeben, Durchmesser 2'. Entfernung 2600 Lj (NGC 2261).

U Mon: Rekt. $= 7^h31^m$, Dekl. $= -9°8$. Periode 92,26 Tage. Helligkeit 5^m8-7^m7.

S NGC 2215: Rekt. $= 6^h21^m$, Dekl. $= -7°3$. Offener Sternhaufen, Durchmesser 8'. 20 Einzelsterne $10-12^m$. Entfernung 3300 Lj. Ab 3".

NGC 2244: Rekt. $= 6^h32^m$, Dekl. $= +4°9$. Offener Sternhaufen um den Stern 12 Mon (6^m). Durchmesser 40'. 16 Einzelsterne 6^m5 und darunter. Entfernung 5400 Lj. Schon im Opernglas als schwache Nebelwolke zu erkennen. Um den Sternhaufen die Nebel NGC 2237/2238/2239 („Rosetten-Nebel"), welche nur in sehr lichtstarken Geräten beobachtbar sind.

NGC 2264: Rekt. $= 6^h41^m$, Dekl. $= +9°9$. Durchmesser 30'. 40 Einzelsterne. Nahe „Cone-Nebel". Entfernung 2600 Lj. Ab 2".

M 50/NGC 2323: Rekt. $= 7^h03^m$, Dekl. $= -8°3$. Offener Sternhaufen. Durchmesser 16'. 100 Einzelsterne $8-12^m$. Entfernung 3000 Lj. Ab 2".

ERIDANUS – *Eridanus* (Gen.: *Eridani*) **Eri**

M Eridanus ist der Strom der Unterwelt.

H α: Achernar, Acharnar („Ende des Flußes"). Von Europa aus unsichtbar
β: Cúrsa („Die vordere Fußbank des Orion", zusammen mit λ und ψ Eri, sowie τ Ori)
γ: Zaúrak („Kahn")

D	Bez.	Rekt.	Dekl.	Helligkeit	Sp.	PW	Dist.	Lj	Kl.	I	Bem.
	w/32	3^h54^m	$-3°0$	$4^m8/6^m1$	G5/A2	348°	6″7	220	ph?	2"	

N NGC 1535: Rekt. $= 4^h14^m$, Dekl. $= -12°7$. Planetarischer Nebel. Durchmesser 20 x 17". Gesamte Helligkeit 9^m3. Zentralstern 11^m8. Entfernung 2200 Lj. Ab 4".

FISCHE – *Pisces*   (Gen.: *Piscium*)   **Psc**

M Es handelt sich um Venus und Amor, die sich bei drohender Gefahr in diese beiden Fische verwandelt haben.

H α: Alrescha, el Rischa („Der Strick")

D

Bez.	Rekt.	Dekl.	Helligkeit	Sp.	PW	Dist.	Lj	Kl.	I	Bem.
55	0^h40^m	+21°4	$5^m6/8^m8$	K0/?	193°	6"6	520	ph?	3"	
ψ	1^h06^m	+21°5	$5^m6/5^m8$	A2/A0	160°	30"0	400	ph?	F	
ζ	1^h14^m	+ 7°6	$5^m6/6^m5$	A5/F8	63°	23"0	100	ph?	F	
α	2^h02^m	+ 2°8	$4^m3/5^m2$	A2/A3	277°	1"6	100	ph	3"	1)

Bemerkung: 1) Umlaufzeit 720 Jahre.

N M 74/NGC 628: Rekt. $= 1^h37^m$, Dekl. $= +15°8$. Spiralnebel. Durchmesser 8 x 8'. Helligkeit 10^m2. Ab 5".

FÜCHSCHEN – *Vulpecula*   (Gen.: *Vulpeculae*)   **Vul**

M Das Sternbild hat keinen mythologischen Ursprung. Es ist vermutlich von Bartsch im 17. Jh. eingeführt worden und findet sich auch bei Hevelius.

V T Vul: Rekt. $= 20^h52^m$, Dekl. $= +28°2$. δ-Cephei-Stern. Helligkeit $5^m4–6^m1$. Periode 4,4356 Tage. Spektrum F5–G0.

S NGC 6940: Rekt. $= 20^h35^m$, Dekl. $= +28°3$. Offener Sternhaufen. Durchmesser 30'. 100 Einzelsterne 9^m und darunter. Entfernung 2 600 Lj. Ab. 2–3".

N M 27/NGC 6853: Rekt. $= 20^h00^m$, Dekl. $= +22°7$. Planetarischer Nebel. Gesamte Helligkeit 7^m6. Zentralstern 13^m4. Durchmesser 480 x 240". Entfernung 1000 Lj. 2" („Hantelnebel, Dumbbell-Nebel").

FUHRMANN – *Auriga*   (Gen.: *Aurigae*)   **Aur**

M Der Fuhrmann soll der Erfinder des Wagens gewesen sein. Auf vielen Darstellungen sieht man, wie der Fuhrmann eine Ziege und drei Zicklein im Arm hält (daher auch „Capella"!). Die Ziege Amalthea soll die Nährmutter des Jupiter auf der Insel Kreta darstellen. Ihr Horn, das später die Göttin Fortuna erhielt, gilt als glückbringendes Füllhorn.

H α: Capélla (lat. „Ziegenböcklein"). Alhajot („Ziege").
     β: Menkalinán („Schulter des Fuhrmanns")

D

Bez.	Rekt.	Dekl.	Helligkeit	Sp.	PW	Dist.	Lj	Kl.	I	Bem.
ω	4^h59^m	+37°9	$5^m1/7^m9$	A0/?	359°	5"4	200	ph?	3"	
14	5^h15^m	+32°7	$5^m2/7^m4$	A2/?	226°	14"5	100	ph?	2"	1)
	6^h00^m	+37°2	$2^m7/7^m2$	A0/?	313°	3"6	80	ph?	5"	
41	6^h12^m	+48°7	$6^m3/7^m0$	A0/A0	356°	8"0	300	ph	2"	

Bemerkung: 1) A ist spektroskopischer Doppelstern. Umlaufzeit 3.79 Tage.

V ε Aur: Rekt. = 5^{h}02^m, Dekl. = 43°8. Bedeckungsveränderlicher. Helligkeit 2^{m}9–3^{m}8. Periode 9892 Tage. Dauer der Verfinsterung 754 Tage, des Minimums 360 Tage.

ζ Aur: Rekt. = 5^{h}03^m, Dekl. = +41°6. Bedeckungsveränderlicher. Helligkeit 3^{m}7–4^{m}0. Periode 972,15 Tage.

AR Aur: Rekt. = 5^{h}18^m, Dekl. = +33°8. Bedeckungsveränderlicher. Helligkeit 5^{m}8–6^{m}5. Periode 4,13 Tage. Dauer der Lichtänderung 6,7 Stunden.

RT Aur: Rekt. = 6^{h}29^m, Dekl. = +30°5. δ-Cephei-Stern. Helligkeit 4^{m}9–5^{m}9. Periode 3,73 Tage. Spektrum F4/G1.

S NGC 1857: Rekt. = 5^{h}20^m, Dekl. = +39°4. Offener Sternhaufen. Durchmesser 9'. 45 Einzelsterne. Entfernung 6 200 Lj. 2".

M 38/NGC 1912: Rekt. = 5^{h}29^m, Dekl. = +35°8. Offener Sternhaufen. Durchmesser 20'. 100 Einzelsterne 8^m und darunter. Entfernung 4 300 Lj. 2".

M 36/NGC 1960: Rekt. = 5^{h}36^m, Dekl. = +34°1. Offener Sternhaufen. Durchmesser 12'. 60 Einzelsterne 9–11^m. Entfernung 4 200 Lj. 2".

M 37/NGC 2099: Rekt. = 5^{h}52^m, Dekl. = +32°6. Offener Sternhaufen. Durchmesser 20'. 150 Einzelsterne 9^m und darunter. Entfernung 4 400 Lj. 2".

N I 2149: Rekt. = 5^{h}56^m, Dekl. = +46°1. Planetarischer Nebel. Gesamte Helligkeit 9^{m}9. Zentralstern 14^{m}0. Durchmesser 15 x 10". Entfernung 3 300 Lj. Ab 3–4".

FÜLLEN – *Equuleus*　　　　　(Gen.: *Equulei*)　　　　　**Equ**

M Das Füllen soll ein Geschenk Merkurs an Kastor sein.

H α: 　Kitalphar, Kitel Phard („Vorderer Abschnitt des Pferdes")

D Bez.	Rekt.	Dekl.	Helligkeit	Sp.	PW	Dist.	Lj	Kl.	I	Bem.
γ/5	21^{h}10^m	+10°1	4^{m}8/6^{m}0	F0/A2	153°	352"5	68	op		1)

Bemerkung: 1) Bereits mit bloßem Auge zu trennen.

GIRAFFE – *Camelopardalis*　　　　(Gen.: *Camelopardalis*)　　　　**Cam**

M Das Sternbild ist Anfang des 17. Jh. von Bartsch eingeführt worden, hat also keinen mythologischen Ursprung.

D Bez.	Rekt.	Dekl.	Helligkeit	Sp.	PW	Dist.	Lj	Kl.	I	Bem.
Σ 390	3^{h}30^m	+55°5	5^{m}0/9^{m}7	A0/?	159°	14"8	190	?	3"	
1	4^{h}32^m	+53°9	5^{m}9/6^{m}9	B0/?	308°	10"2	2900	op	2"	
11	5^{h}06^m	+59°0	5^{m}4/6^{m}5	B3/K0	8°	180"0	650	op	F	1)

Bemerkung: 1) Schon mit scharfem Auge oder Opernglas zu trennen.

V VZ Cam: Rekt. $= 7^h31^m$, Dekl. $= +82°4$. Halbregelmäßig. Helligkeit 4^m8-5^m2. Periode etwa 23,7 Tage.

S NGC 1502: Rekt. $= 4^h08^m$, Dekl. $= +62°3$. Offener Sternhaufen. Durchmesser 7'. 25 Einzelsterne 8^m und darunter. Entfernung 3100 Lj. 2".

N NGC 2403: Rekt. $= 7^h37^m$, Dekl. $= +65°6$. Spiralnebel. Gesamte Helligkeit 8^m9. Durchmesser $16\times10'$. 3".

GROSSER BÄR – Ursa maior (Gen.: Ursae maioris) **UMa**

M Nach der griechischen Sage handelt es sich um die Prinzessin Kallisto. Da sie eine Liebschaft mit Zeus hatte, wurde sie von dessen Gemahlin Hera aus Eifersucht in eine Bärin verwandelt. Die Römer stellten sich sieben Dreschochsen vor, die um den nördlichen Himmelspol wandern (aus „septem triones" wird „septentriones" [lat.] „der Norden"). Die Araber deuteten den Wagenkasten als Sarg, die drei Deichselsterne als drei Klageweiber, die hinter dem Sarg einhergehen. In Nordamerika wird das Sternbild oft als „Schöpflöffel" gedeutet.

H α: Dúbhe („Bär")
β: Mérak („Lende")
γ: Pháchd („Schenkel")
δ: Mégrez („Schwanzansatz")
ε: Alióth („Schwanz")
ζ: Mîzar (fälschlicherweise aus Merak, Lende)
η: Benétnasch („Klageweiber")

D

Bez.	Rekt.	Dekl.	Helligkeit	Sp.	PW	Dist.	Lj	Kl.	I	Bem.
23	9^h32^m	$+63°1$	$3^m8/9^m3$	F0/?	271°	22"8	81	ph?	3"	
ξ	11^h18^m	$+31°5$	$4^m4/4^m8$	G0/G0	87°	2"1	25	ph	3"	1)
ν	11^h19^m	$+33°1$	$3^m7/9^m7$	K3/?	147°	7"2	150	?	4"	
57	11^h29^m	$+39°3$	$5^m3/8^m5$	A0/?	1°	5"5	680	ph?	3"	
ζ/g	13^h24^m	$+54°9$	$2^m4/4^m0$	A2/A1	72°	710"	60	ph?		2)
			$2^m4/4^m0$	A2/A2	150°	14"5	60	ph	2"	3)

Bemerkung: 1) PW und Distanz für 1986.0. Umlaufzeit 59,74 Jahre. PW in den folgenden Jahren schnell, Distanz langsam abnehmend. Werte für 1993.0 : 0°/0"9. Darauf Distanz wieder zunehmend. Werte für 2000.0 : 273°/1"8. A spektroskopischer Doppelstern, Umlaufzeit 669 Tage. B spektroskopischer Doppelstern, Umlaufzeit 3,98 Tage. 2) bereits mit bloßem Auge zu trennen. Zweiter Stern ist „Alkor" oder „Reiterlein". 3) A spektroskopischer Doppelstern, Umlaufzeit 20,54 Tage. B spektroskopischer Doppelstern. Umlaufzeit 182,33 Tage.

V R UMa: Rekt. $= 10^h45^m$, Dekl. $= +68°8$. Langperiodisch. Helligkeit 6^m2-13^m6. Periode 301 Tage.

T UMa: Rekt. $= 12^h36^m$, Dekl. $= +59°5$. Langperiodisch. Helligkeit 6^m4-13^m5. Periode 256 Tage.

N NGC 2841: Rekt. $= 9^h22^m$, Dekl. $= +51°0$. Spiralnebel. Gesamte Helligkeit 9^m3. Durchmesser $6,0\times1,6'$. Ab 3–4".

M 81/NGC 3031: Rekt. $= 9^h56^m$, Dekl. $= +69°1$. Spiralnebel mit hellem Kern. Gesamte Helligkeit 7^m9. Durchmesser $16\times10'$. Entfernung 7 Mill. Lj. Ab 2–3".

M 82/NGC 3034: Rekt. = 9^{h}56^m, Dekl. = +69°7. Spindelförmiger Spiralnebel (evtl. auch irregulärer Nebel). Gesamte Helligkeit 8^{m}8. Durchmesser 7,0 x 1,5'. Entfernung 12 Mill. Lj. Ab 3".

M 97/NGC 3587: Rekt. = 11^{h}15^m, Dekl. = +55°0. Planetarischer Nebel. Gesamte Helligkeit etwa 10^m. Helligkeit des Zentralsterns 14^{m}3. Durchmesser 203 x 199". Entfernung 1300 Lj. Ab 4" („Eulennebel").

M 101/NGC 5457: Rekt. = 14^{h}03^m, Dekl. = +54°4. Spiralnebel. Gesamte Helligkeit 9^{m}0. Durchmesser 22 x 22'. Ab 4".

GROSSER HUND – *Canis maior*   (Gen.: *Canis maioris*)   **CMa**

M Der Große Hund ist der Begleiter des Himmelsjägers Orion. Der Hauptstern Sirius (auch „Sothis") spielte bei den Ägyptern eine große Rolle. Sein erstes Sichtbarwerden in der Morgendämmerung („Frühaufgang") fiel mit der Nilüberflutung zusammen.

H α: Sirius („Bogenstern", nach einer babylonischen Bezeichnung?)
           Alhabór („Der die Milchstraße überschritten hat")
       β: Mirzám („Der Vorausgehende")

D

Bez.	Rekt.	Dekl.	Helligkeit	Sp.	PW	Dist.	Lj	Kl.	I	Bem.
ν^1	6^{h}36^m	−18°7	5^{m}8/8^{m}5	G5/G0	263°	17"5	330	?	2"	
α	6^{h}45^m	−16°7	−1^{m}4/8^{m}7	A1/A5	31°	7"6	9	ph	8"	1)
μ	6^{h}56^m	−14°1	5^{m}2/8^{m}5	G5/A2	339°	3"0	88	?	4"	
L 3945	7^{h}17^m	−23°3	4^{m}8/6^{m}8	K5/F0	55°	26"6	300	?	2"	

Bemerkung: 1) Siriusbegleiter (Sirius B). Werte für 1986.0. Umlaufzeit 49,98 Jahre. Zeitpunkt des Durchgangs durch Periastron 1994. Halbe große Bahnachse 7"62. Bahnexzentrizität 0,58. Sirius B ist in kleineren Instrumenten nicht zu beobachten. Um die Zeit des Durchgangs durch das Apastron (2019) ist jedoch Beobachtung ab etwa 5" Öffnung unter Umständen möglich.

S NGC 2204: Rekt. = 6^{h}16^m, Dekl. = −18°7. Offener Sternhaufen. Durchmesser 13'. 90 Einzelsterne ab 9^m. Entfernung 14 500 Lj. 3".

M 41/NGC 2287: Rekt. = 6^{h}47^m, Dekl. = −20°7. Offener Sternhaufen. Durchmesser 30'. 80 Sterne 7–11^m. Entfernung 2 300 Lj. Ab Feldstecher.

NGC 2360: Rekt. = 7^{h}18^m, Dekl. = −15°6. Offener Sternhaufen. Durchmesser 12'. 50 Einzelsterne 9–12^m. Entfernung 5 300 Lj. 2".

HAAR DER BERENIKE – *Coma*   (Gen.: *Comae*)   **Com**

M Die ägyptische Prinzessin Berenike opferte ihr Haar, um den Sieg für ihr Heer zu erringen.

D

Bez.	Rekt.	Dekl.	Helligkeit	Sp.	PW	Dist.	Lj	Kl.	I	Bem.
2	12^{h}04^m	+21°5	6^{m}0/7^{m}5	F0/?	239°	3"8	180	?	2"	
12	12^{h}23^m	+25°9	4^{m}7/8^{m}5	F5/A3	167°	66"1	90	ph?	2"	
17	12^{h}29^m	+25°9	5^{m}4/6^{m}7	A0/A3	251°	145"3	72	ph?	F	
24	12^{h}35^m	+18°4	5^{m}2/6^{m}7	K0/A3	271°	20"3	360	ph?	2"	1)

Bemerkung: 1) A ist spektroskopischer Doppelstern. Umlaufzeit 7,34 Tage.

S Mel 111: Rekt. = 12^h25^m, Dekl. = $+26°0$. Offener Sternhaufen. Durchmesser 275' oder 22 Lj. 30 Einzelsterne ab 4^m, darin auch die Doppelsterne 12 und 17 Com. Entfernung 270 Lj. Feldstecher und bloßes Auge.

M 53/NGC 5024: Rekt. = 13^h13^m, Dekl. = $+18°2$. Kugelsternhaufen. Gesamte Helligkeit 7^m6. Durchmesser 3.3'. Entfernung 56000 Lj. Ab 2–3".

N M 85/NGC 4382: Rekt. = 12^h25^m, Dekl. = $+18°2$. Elliptischer Nebel. Gesamte Helligkeit 9^m3. Durchmesser 4.0 x 2.5'. Ab 4".

NGC 4501/M 88: Rekt. = 12^h32^m, Dekl. = $+14°4$. Spiralnebel. Gesamte Helligkeit 10^m. Durchmesser 5.7 x 2.5'. Ab 4".

NGC 4565: Rekt. = 12^h36^m, Dekl. = $+26°0$. Spiralnebel. Gesamte Helligkeit 10^m. Durchmesser 15.0 x 1.1'. Ab 4".

NGC 4725: Rekt. = 12^h50^m, Dekl. = $+25°5$. Balkenspirale. Gesamte Helligkeit 10^m. Durchmesser 5.0 x 4.0'. Ab 4".

M 64/NGC 4826: Rekt. = 12^h57^m, Dekl. = $+21°7$. Spiralnebel. Gesamte Helligkeit 8^m8. Durchmesser 8.0 x 4.0'. Ab 3–4".

HASE – Lepus   (Gen.: Leporis)   Lep

M Der Götterbote Merkur soll diesen flinken Hasen an den Himmel versetzt haben.

H α : Elárneb, Arneb („Hase")
β : Nihál („Kamele")

D

Bez.	Rekt.	Dekl.	Helligkeit	Sp.	PW	Dist.	Lj	Kl.	I	Bem.
ϰ	5^h13^m	$-12°9$	$4^m5/7^m5$	B8/?	358°	2"6	430	?	4"	
h 3752	5^h22^m	$-24°8$	$5^m5/6^m7$	G0/A3	98°	3"1	82	ph?	3"	
β 321	5^h39^m	$-17°9$	$6^m4/7^m9$	B9/?	146°	0"8	?	?	8"	1)
γ	5^h45^m	$-22°4$	$3^m8/6^m4$	F8/G5	351°	94"9	29	ph	F	

Bemerkung: 1) 7facher Stern. Helligkeit der Begleiter 7^m9, 9^m, 9^m8, 8^m, 8^m5 und 10^m. Distanzen 0"8 bis 126". In der Tabelle ist nur der engste Begleiter angegeben.

V R Lep: Rekt. = 5^h00^m, Dekl. = $-14°8$. Langperiodisch. Periode 432 Tage. Helligkeit $5^m5–11^m7$.

S M 79/NGC 1904: Rekt. = 5^h24^m, Dekl. = $-24°6$. Kugelhaufen. Gesamte Helligkeit 8^m4. Durchmesser 3.2'. Entfernung 43000 Lj. Ab 3".

HERKULES – Hercules   (Gen.: Herculis)   Her

M Herkules ist der bekannte Held in der griechischen Sage.

H α: Ras Algéthi („Kopf des Knienden")
λ: Maasým („Handwurzel")

D	Bez.	Rekt.	Dekl.	Helligkeit	Sp.	PW	Dist.	Lj	Kl.	I	Bem.
	ϰ	16^h08^m	$+17°1$	$5^m3/6^m5$	G5/G5	12°	28"4	270	op	F	
	Σ 2063	16^h32^m	$+45°6$	$5^m6/8^m2$	A1/?	196°	16"4	215	?	2"	
	36/37	16^h41^m	$+ 4°2$	$5^m7/6^m9$	A0/A0	230°	70"0	330	ph?	F	
	α	17^h15^m	$+14°4$	var /5"4	M5/G5	109°	4"6	220	ph	3"	1)
	δ	17^h15^m	$+24°8$	$3^m2/8^m2$	A2/G2	270°	10"	90	op	3"	2)
	ρ	17^h24^m	$+37°2$	$4^m5/5^m5$	A0/A0	317°	4"0	170	ph?	2"	
	μ	17^h47^m	$+27°7$	$3^m5/9^m9$	G5/?	247°	33"5	26	ph	3"	
	95	18^h02^m	$+21°6$	$5^m1/5^m2$	A3/G5	258°	6"5	156	ph?	2"	
	100	18^h08^m	$+26°1$	$5^m9/6^m0$	A3/A3	182°	14"1	230?	ph?	2"	

Bemerkung: 1) A ist veränderlich. B ist spektroskopischer Doppelstern. Umlaufzeit 51.578 Tage.
2) Rasch veränderliches optisches Paar (wegen großer EB). Daten gelten für etwa 1986.

V g Her: Rekt. $= 16^h29^m$, Dekl. $=+41°9$. Halbregelmäßig. Periode etwa 70 Tage. Helligkeit $4^m6–6^m0$.

S Her: Rekt. $= 16^h52^m$, Dekl. $=+14°9$. Langperiodisch. Periode 307 Tage. Helligkeit $5^m9–13^m6$.

α Her: Rekt. $= 17^h15^m$, Dekl. $= +14°4$. Halbregelmäßig. Periode etwa 100 Tage. Helligkeit $3^m0–4^m0$.

u Her: Rekt. $= 17^h17^m$, Dekl. $=+33°1$. Bedeckungsveränderlicher. Periode 2.051 Tage. Helligkeit $4^m7–5^m4$.

S M 13/NGC 6205: Rekt. $= 16^h42^m$, Dekl. $= +36°5$. Kugelsternhaufen. Gesamte Helligkeit 5^m7. Durchmesser 17'. Hellste Sterne 11^m. Entfernung 23 000 Lj. Ab Feldstecher, Randzonen in einzelne Sterne ab 6" auflösbar.

NGC 6229: Rekt. $= 16^h47^m$, Dekl. $=+47°5$. Kugelsternhaufen. Gesamte Helligkeit 8^m7. Durchmesser 3.5'. Entfernung 100 000 Lj. 3".

M 92/NGC 6341: Rekt. $= 17^h17^m$, Dekl. $= +43°1$. Kugelsternhaufen. Gesamte Helligkeit 6^m1. Durchmesser 8.3'. Entfernung 25 000 Lj. Ab 2".

N NGC 6210: Rekt. $=16^h45^m$, Dekl. $=+23°8$. Planetarischer Nebel. Gesamte Helligkeit 9^m7. Durchmesser 20 x 13". Entfernung 3 600 Lj. Ab 4".

JAGDHUNDE – *Canes venatici* (Gen.: *Canum venaticorum*) **CVn**

M Das Sternbild wurde erst von Hevelius im 17. Jh. eingeführt.

H α : Cor Caroli (lat. „Herz Karls II.")

D	Bez.	Rekt.	Dekl.	Helligkeit	Sp.	PW	Dist.	Lj	Kl.	I	Bem.
	2	12^h16^m	$+40°7$	$5^m8/8^m1$	M1/F7	260°	11"5	540	op	3"	
	α	12^h56^m	$+38°3$	$2^m9/5^m4$	A0/F0	228°	19"7	65	ph	2"	1)

Bemerkung: 1) A spektroskopischer Doppelstern. Umlaufzeit 5,5 Tage (schwacher Bedeckungsveränderlicher).

V Y CVn: Rekt. $= 12^h45^m$, Dekl. $=+45°4$. Halbregelmäßig. Periode etwa 158 Tage. Helligkeit $5^m2–6^m6$.

S M 3/NGC 5272: Rekt. = 13^{h}42^m, Dekl. = +28°4. Kugelsternhaufen. Gesamte Helligkeit 6^{m}4. Durchmesser 18'. Entfernung 22000 Lj. 2".

N M 106/NGC 4258: Rekt. = 12^{h}19^m, Dekl. = +47°3. Spiralnebel. Gesamte Helligkeit 8^{m}6. Durchmesser 20.0 x 6.0'. 3".

NGC 4449: Rekt. = 12^{h}28^m, Dekl. = +44°1. Unregelmäßiger Nebel. Gesamte Helligkeit 9^{m}2. Durchmesser 4.5 x 2.5'. 4".

NGC 4490: Rekt. = 12^{h}31^m, Dekl. = +41°6. Spiralnebel. Gesamte Helligkeit 9^{m}7. Durchmesser 4.0 x 1.8'. 4".

NGC 4631: Rekt. = 12^{h}42^m, Dekl. = +32°5. Spiralnebel. Gesamte Helligkeit 9^{m}3. Durchmesser 12.0 x 1.2'. 4".

M 94/NGC 4736: Rekt. = 12^{h}51^m, Dekl. = +41°1. Spiralnebel. Gesamte Helligkeit 7^{m}9. Durchmesser 5.0 x 3.5'. Ab 2".

M 63/NGC 5055: Rekt. = 13^{h}16^m, Dekl. = +42°0. Spiralnebel. Gesamte Helligkeit 9^{m}5. Durchmesser 8.0 x 3.0'. 4".

M 51/NGC 5194: Rekt. = 13^{h}30^m, Dekl. = +47°2. Spiralnebel. Gesamte Helligkeit 8^{m}1. Durchmesser 12.0 x 6.0'. Entfernung 13 Mill. Lj. Spiralarm mit Verdichtung (NGC 5195, Helligkeit 8^{m}4). Ab 3".

JUNGFRAU – *Virgo*   (Gen.: *Virginis*)   **Vir**

M Die Jungfrau ist die Tochter Auroras, der Morgenröte.

H α : Spica (lat. „Kornähre")
    Azímech, Alaazél („Hinterbein des Löwen")
  β : Alaráph
  ε : Almurédin („Winzer")

D

Bez.	Rekt.	Dekl.	Helligkeit	Sp.	PW	Dist.	Lj.	Kl.	I	Bem.
γ	12^{h}42^m	−1°5	3^{m}6/3^{m}6	F0/F0	292°	3"4	35	ph	2"	1)
ϑ	13^{h}10^m	−5°5	4^{m}4/9^{m}4	A2/?	345°	7"2	140	ph?	3"	
84	13^{h}43^m	+3°5	5^{m}5/7^{m}9	K2/G5	230°	2"9	180	ph	4"	
τ	14^{h}02^m	+1°6	4^{m}3/9^{m}5	A1/?	290°	80"1	105	op	2"	
φ	14^{h}28^m	−2°2	4^{m}8/9^{m}2	F8/?	110°	4"7	95	ph?	4"	

Bemerkung: [1]) PW und Distanz für 1986. Umlaufzeit 171,85 Jahre. Werte für 2000 : 267°/1"8.

V SS Vir: Rekt. = 12^{h}25^m, Dekl. = +0°8. Langperiodisch. Periode 355 Tage. Helligkeit 5^{m}9–10^{m}0.

S Vir: Rekt. = 13^{h}33^m, Dekl. = −7°2. Langperiodisch. Periode 377 Tage. Helligkeit 6^{m}0–13^{m}0.

N M 84/NGC 4374: Rekt. = 12^{h}25^m, Dekl. +12°9. Elliptischer Nebel. Gesamte Helligkeit 9^{m}3. Durchmesser 2.9 x 2.6'. 4".

M 49/NGC 4472: Rekt. = 12^{h}30^m, Dekl. = +8°0. Elliptischer Nebel. Gesamte Helligkeit 8^{m}6. Durchmesser 4.5 x 4.0'. 3".

M 87/NGC 4486: Rekt. $= 12^h31^m$, Dekl. $= +12°4$. Elliptischer Nebel. Gesamte Helligeit 9^m2. Durchmesser 3.3 x 3.3'. 4".

M 58/NGC 4579: Rekt. $= 12^h38^m$, Dekl. $= +11°8$. Balkenspirale. Gesamte Helligkeit 9^m2. Durchmesser 3.6 x 3.2'. 4".

M 104/NGC 4594: Rekt. $= 12^h40^m$, Dekl. $= -11°6$. Spiralnebel. Gesamte Helligkeit 8^m7. Durchmesser 7.0 x 1.5'. 3" („Sombrero-Nebel").

M 60/NGC 4649: Rekt. $= 12^h44^m$, Dekl. $= +11°6$. Elliptischer Nebel. Gesamte Helligkeit 8^m9. Durchmesser 3.9 x 3.1'. 3".

NGC 4699: Rekt. $= 12^h49^m$, Dekl. $= -8°7$. Balkenspirale. Gesamte Helligkeit 9^m3. Durchmesser 3.7 x 2.0'. 4".

KLEINER BÄR – *Ursa minor*   (Gen.: *Ursae minoris*)   **UMi**

M Der Kleine Bär ist offenbar durch Thales aus Ägypten in die griechische Sternbilderkunde eingeführt worden.

H α : Polaris, Polarstern
         Alrukaba („Knie")
      β : Kocháb („Bock"?)
      γ : Pherkád („Die beiden Kälber")

D

Bez.	Rekt.	Dekl.	Helligkeit	Sp.	PW	Dist.	Lj	Kl.	I	Bem.
α	2^h32^m	$+89°3$	$2^m1/9^m0$	F8/?	217°	$18″3$	370	op	3"	1)

Bemerkung: 1) A veränderlich. δ -Cephei-Stern, Periode 3.9698 Tage, Helligkeit 1^m9–2^m1, besitzt weiteren engen Begleiter, Umlaufzeit 30.5 Jahre.

KLEINER HUND – *Canis minor*   (Gen.: *Canis minoris*)   **CMi**

M Der Kleine Hund ist der Begleiter des Himmelsjägers Orion.

H α : Prókyon (griech. „Vorhund")
         Elgomáisa („Sirius mit vom Weinen verklebten Augen")
      β : Mirzám („Der Vorausgehende")

KOMPASS – *Pyxis*   (Gen.: *Pyxidis*)   **Pyx**

M Das Sternbild wurde erst Mitte des 18. Jahrhunderts von Lacaille eingeführt.

D

Bez.	Rekt.	Dekl.	Helligkeit	Sp.	PW	Dist.	Lj	Kl.	I	Bem.
ε	9^h10^m	$-30°4$	$5^m5/9^m3$	A3/A3	147°	$17″8$	?	ph?	2"	

S NGC 2627: Rekt. $= 8^h37^m$, Dekl. $= -29°9$. Offener Sternhaufen. Durchmesser 8'. 40 Einzelsterne 11^m und darunter. Entfernung 8 200 Lj ? A3".

KREBS – *Cancer*   (Gen.: *Cancri*)   **Cnc**

M   Dieser Krebs hielt eine Nymphe so lange fest, bis sie der Gott Jupiter fangen konnte.

H α: Acubens („Schere, Zange")
       Sertán
    β: Al Tarf („Der Blick")

D

Bez.	Rekt.	Dekl.	Helligkeit	Sp.	PW	Dist.	Lj	Kl.	I	Bem.
ζ	8^h12^m	$+17°7$	$5^m6/6^m2$	G0/G0	79°	6"0	52	ph	2"	1)
			$5^m7/9^m7$	G0/?	108°	288"		op	2"	
ι	8^h47^m	$+28°8$	$4^m2/6^m6$	G5/A5	307°	30"7	425	ph?	F	

Bemerkung: 1) PW und Distanz für 1986. Umlaufzeit 1137 Jahre. B hat weiteren untrennbaren Begleiter mit Umlaufzeit 17.64 Jahre. Große Halbachse 0.24". A hat einen engen Begleiter mit 59.7 Jahren Umlaufzeit.

V   RS Cnc: Rekt. $= 9^h11^m$, Dekl. $= +31°0$. Halbregelmäßig. Periode etwa 120 Tage. Helligkeit $5^m5–7^m0$.

S   M 44/NGC 2632: Rekt. $= 8^h40^m$, Dekl. $= +20°0$. Offener Sternhaufen. Durchmesser 95' oder 13 Lj. Etwa 500 Einzelsterne $6^m–17^m$. Entfernung 515 Lj. Schon mit bloßem Auge als blasses Wölkchen erkennbar. Für Feldstecher und kleine Fernrohre mit schwacher Vergrößerung prachtvolles Objekt (andere Bezeichnungen: ε Cancri, Meléph (arab. „Krippe"), Präsepe, Aselli).

    M 67/NGC 2682: Rekt. $= 8^h50^m$, Dekl. $= +11°8$. Offener Sternhaufen. Durchmesser 15' oder 12 Lj. 65 Einzelsterne $8^m–13^m$. Entfernung 2700 Lj. Ab Feldstecher.

LEIER – *Lyra*   (Gen.: *Lyrae*)   **Lyr**

M   Diese von Merkur erfundene Leier kam in den Besitz des Sängers Orpheus.

H α: Wéga („Der herabstürzende Adler")
    β: Sheliák („Die byzantinische Harfe")
    γ: Sulaphát („Schildkröte")
    η: Aladfár („Die Krallen")

D

Bez.	Rekt.	Dekl.	Helligkeit	Sp.	PW	Dist.	Lj	Kl.	I	Bem.
α	18^h37^m	$+38°8$	$0^m1/9^m5$	A1/?	186°	70"	26	op	4"	
ε^1	18^h44^m	$+39°7$	$5^m0/6^m0$	A3/A3	353°	2"6	200	ph	2"	1) 3)
ε^2			$5^m1/5^m4$	A5/A5	81°	2"4	200	ph	2"	2)
ζ	18^h45^m	$+37°6$	$4^m3/5^m9$	A3/A3	150°	43"7	200	ph?	F	4)
β	18^h50^m	$+33°4$	var /7^m8	B8/F0	149°	46"6	300	?	F	5)
η	19^h14^m	$+39°3$	$4^m5/8^m7$	B5/B9	82°	28"2	800	?	2"	

Bemerkung: 1) Umlaufzeit 1165 Jahre. 2) Umlaufzeit 585 Jahre. 3) ε^1 und ε^2 bilden weiten Doppelstern mit 207"8 Distanz. Schon mit scharfem Auge trennbar. 4) A ist spektroskopischer Doppelstern. Umlaufzeit 4.30 Tage. 5) A ist veränderlich. Weitere 2 Begleiter ca. 9^m in bis zu 86" Distanz.

V β Lyr: Rekt. $= 18^h50^m$, Dekl. $= +33°4$. Bedeckungsveränderlicher. Periode 12.9358 Tage. Helligkeit $3^m4–4^m3$.

R Lyr: Rekt. = 18^{h}55^m, Dekl. = +43°9. Halbregelmäßig. Periode etwa 46 Tage. Helligkeit 4^{m}0–5^{m}0.

N M 57/NGC 6720: Rekt. = 18^{h}54^m, Dekl. = +33°0. Planetarischer Nebel. Durchmesser 83 x 59". Gesamte Helligkeit 9^{m}3. Zentralstern 14^{m}7. Entfernung 2000 Lj. Ab 3". Evtl. auch schwach bereits in 2" sichtbar (Ringnebel in der Leier).

LÖWE – Leo   (Gen.: *Leonis*)   **Leo**

M Es handelt sich um den Löwen, den Herkules bezwang.

H α: Regulus (lat. „Kleiner König")
          Kabeléced („Herz des Löwen")
     β: Denébola („Schwanz des Löwen")
     γ: Algiéba („Stirn des Löwen")
     δ: Duhr („Rücken des Löwen")
     ε: Ras Elásed australis („Der Südliche vom Kopf des Löwen")
     ζ: Aldhaféra („Die Haarsträhne")
     μ: Ras Elásed borealis („Der Nördliche vom Kopf des Löwen")
     o: Subra („Die Mähne")

D

Bez.	Rekt.	Dekl.	Helligkeit	Sp.	PW	Dist.	Lj	Kl.	I	Bem.
6	9^{h}32^m	+ 9°7	5^{m}3/8^{m}6	K4/?	75°	37"4	320	op	2"	
α	10^{h}08^m	+12°0	1^{m}3/7^{m}6	B8/K1	307°	176"5	84	ph?	F	
γ	10^{h}20^m	+19°8	2^{m}2/3^{m}5	K0/G5	124°	4"3	90	ph	2"	1)
54	10^{h}56^m	+24°8	4^{m}5/6^{m}3	A0/A0	109°	6"4	135	ph?	2"	
90	11^{h}35^m	+16°8	6^{m}0/7^{m}1	B3/?	208°	3"4	1100	ph	2"	

Bemerkung: 1) Umlaufzeit 618.56 Jahre?

V R Leo: Rekt. = 9^{h}48^m, Dekl. = +11°4. Langperiodisch. Periode 313 Tage. Helligkeit 4^{m}4–11^{m}6.

N NGC 2903: Rekt. = 9^{h}32^m, Dekl. = +21°5. Spiralnebel. Durchmesser 11.0 x 5.0'. Gesamte Helligkeit 9^{m}1. Ab 4".

M 96/NGC 3368: Rekt. = 10^{h}47^m, Dekl. = +11°8. Spiralnebel. Durchmesser 7.0 x 4.0'. Gesamte Helligkeit 9^{m}1. Ab 4".

M 105/NGC 3379: Rekt. = 10^{h}48^m, Dekl. = +12°6. Elliptischer Nebel. Durchmesser 2.0 x 2.0'. Gesamte Helligkeit 9^{m}2. Ab 4".

NGC 3521: Rekt. = 11^{h}06^m, Dekl. = 0°0. Spiralnebel. Durchmesser 4.5'. Gesamte Helligkeit 9^{m}5. Ab 4".

NGC 3607: Rekt. = 11^{h}17^m, Dekl. = +18°0. Elliptischer Nebel. Durchmesser 1.3 x 1.0'. Gesamte Helligkeit 9^{m}6. Ab 4".

M 65/NGC 3623: Rekt. = 11^{h}19^m, Dekl. = +13°1. Spiralnebel. Durchmesser 8.0 x 2.0'. Gesamte Helligkeit 9^{m}3. Ab 4".

M 66/NGC 3627: Rekt. = 11^{h}20^m, Dekl. = +13°0. Spiralnebel. Durchmesser 8.0 x 2.5'. Gesamte Helligkeit 8^{m}4. Ab 3". Mit vorstehendem Objekt einen Doppelnebel bildend.

LUCHS – Lynx   (Gen.: Lyncis)   Lyn

M Dieses Sternbild ist offenbar erst von Hevelius im 17. Jahrhundert eingeführt worden, hat also keinen mythologischen Ursprung.

D	Bez.	Rekt.	Dekl.	Helligkeit	Sp.	PW	Dist.	Lj	Kl.	I	Bem.
	5	6^h27^m	$+58°4$	$5^m5/8^m2$	K5/?	272°	96.0	330	op	F	
	12	6^h46^m	$+59°5$	$5^m4/6^m0$	A2/?	76°	1.7	180?	ph	4"	1)
				$5^m4/7^m3$	A2/?	309°	8.5	180?	ph	2"	
	19	7^h23^m	$+55°3$	$5^m6/6^m5$	B8/A	315°	14.7	425	ph	2"	2)
	38	9^h19^m	$+36°8$	$3^m9/6^m6$	A2/?	229°	2.7	88	ph	3"	

Bemerkung: 1) Umlaufzeit 699.0 Jahre. 2) A ist spektroskopischer Doppelstern. Umlaufzeit 2.2596 Tage.

N NGC 2683: Rekt. $= 8^h53^m$, Dekl. $= +33°4$. Spindelförmiger Spiralnebel. Durchmesser $10.0 \times 1.0'$. Gesamte Helligkeit 9^m6. Ab 4".

NÖRDLICHE KRONE – Corona borealis   (Gen.: Coronae borealis)   CrB

M Diese Krone verehrte die Venus der Ariadne als Brautgeschenk.

H α: Gemma (lat. „Edelstein")
   Alphekka („Bettlerschüssel mit zackigem Rand")
β: Nusakán („Die beiden Reihen")

D	Bez.	Rekt.	Dekl.	Helligkeit	Sp	PW	Dist.	Lj	Kl.	I	Bem.
	ζ	15^h39^m	$+36°6$	$5^m1/6^m0$	B8/B8	305°	6.3	425	ph	2"	1)
	σ	16^h15^m	$+33°9$	$5^m7/6^m7$	F7/G0	234°	6.8	70	ph	2"	2)

Bemerkung: 1) A ist spektroskopischer Doppelstern. Umlaufzeit 12.584 Tage. 2) Umlaufzeit 1000 Jahre. A ist spektroskopischer Doppelstern. Umlaufzeit 1.1398 Tage.

V S CrB: Rekt. $= 15^h21^m$, Dekl. $= +31°4$. Langperiodisch. Periode 360 Tage. Helligkeit 5^m8-13^m9.

R CrB: Rekt. $= 15^h49^m$, Dekl. $= +28°2$. Hauptvertreter der R Coronae borealis-Sterne. Helligkeit 5^m8-14^m.

T CrB: Rekt. $= 16^h00^m$, Dekl. $= +25°9$. Wiederkehrende Nova. Helligkeit 2^m0-11^m0. Letzte Maxima: 1866, 1946. Periode etwa 80 Jahre?

ORION – *Orion*   (Gen.: *Orionis*)   **Ori**

M Es handelte sich der Sage nach um einen berühmten Jäger, der wegen seiner Künste an den Himmel versetzt wurde.

H α: Beteigeúze, Betelgeúse („Schulter")
β: Rigel („Linker Fuß des Orion")
γ: Bellátrix (lat. „Streiterin")
δ: Mintáka („Gürtel des Orion")
ε: Alnilám („Perlenschnur")
ζ: Alniták (Bedeutung wie bei ε, gilt aber eigentlich für alle Gürtelsterne δ, ε, ζ)

D

Bez.	Rekt.	Dekl.	Helligkeit	Sp.	PW	Dist.	Lj	Kl.	I	Bem.
ρ	5^h13^m	$+ 2°9$	$4^m6/8^m6$	K0/?	63°	$7″0$	280	?	2″	1)
β	5^h15^m	$- 8°2$	$0^m3/7^m0$	B8/?	206°	$9″2$	910	ph?	6″	2)
23	5^h23^m	$+ 3°5$	$5^m0/7^m1$	B3/A	28°	$32″0$	1500	?	F	
Σ 701	5^h23^m	$- 8°4$	$5^m8/8^m5$	A0/?	142°	$6″0$	230?	ph?	2″	
η	5^h25^m	$- 2°4$	$3^m7/5^m1$	B1/?	77°	$1″5$	750	ph	5″	3)
33	5^h31^m	$+ 3°6$	$5^m9/6^m9$	B3/?	25°	$1″9$	1500	?	4″	
δ	5^h32^m	$- 0°3$	$2^m5/6^m3$	B0/B0	0°	$52″8$	1500	?	F	4)
λ	5^h35^m	$+ 9°9$	$3^m7/5^m6$	Oe5/Oe5	42°	$4″4$	1500	?	2″	
Σ 747	5^h35^m	$- 6°0$	$4^m7/5^m6$	B1/B1	223°	$36″0$	1500	?	F	
ϑ¹	5^h35^m	$- 5°4$	$6^m7/8^m0$	B5/B2	32°	$8″7$	1500	ph	2″	⎫
			$6^m7/5^m1$	B5/B3	132°	$12″8$	1500	ph	2″	⎬ 5)
			$6^m7/6^m7$	B5/?	96°	$21″5$	1500	ph	2″	⎭
ϑ²	5^h35^m	$- 5°4$	$5^m2/6^m5$	B1/B1	93°	$52″4$	1500	?	F	6)
ι	5^h35^m	$- 5°9$	$2^m9/7^m4$	O5/B9	142°	$11″4$	1500	?	2″	7)
Σ 754	5^h37^m	$- 6°1$	$5^m6/8^m9$	B3/?	287°	$5″3$	1500	?	3″	
σ	5^h39^m	$- 2°6$	$3^m8/7^m2$	B0/?	85°	$12″8$	1500	?	2″	8)
			$3^m8/6^m5$	B0/?	61°	$42″6$	1500	?	2″	
ζ	5^h41^m	$- 2°0$	$2^m1/4^m2$	B0/B0	162°	$2″4$	1500	ph	4″	
Σ 855	6^h09^m	$+ 2°5$	$5^m6/7^m0$	A0/?	114°	$29″4$	400	ph?	F	
75	6^h17^m	$+10°0$	$5^m3/8^m5$	A2/?	159°	$117″3$	95	op	2″	9)

Bemerkung: 1) A ist spektroskopischer Doppelstern. Umlaufzeit 1031.40 Tage. 2) B ist spektroskopischer Doppelstern. Umlaufzeit 986 Tage. 3) A ist spektroskopisch dreifach. Umlaufzeit 7.98 Tage bzw. 9.2 Jahre. 4) A ist Bedeckungsveränderlicher. Periode 5.73248 Tage. Helligkeit $2^m4–2^m6$. 5) „Trapez im Orionnebel". B ist Bedeckungsveränderlicher. Periode 6.5 Tage (BM Ori). 6) A ist spektroskopischer Doppelstern. Umlaufzeit 20.97 Tage. 7) A ist spektroskopischer Doppelstern. Umlaufzeit 29.135 Tage. 8) A hat noch einen Begleiter 10^m in $11″2$ Distanz und bei PW 236°. 9) Weiterer Begleiter 10^m in 63″ Distanz bei PW 258°.

V α Ori: Rekt. $= 5^h55^m$, Dekl. $= +7°4$. Halbregelmäßig. Helligkeit $0^m4–1^m3$. Periode etwa 5,7 Jahre mit überlagerter Periode von 150–300 Tagen.

U Ori: Rekt. $= 5^h56^m$, Dekl. $= +20°2$. Langperiodisch. Helligkeit $5^m2–12^m9$. Periode ca. 372 Tage.

S NGC 2112: Rekt. $=5^h54^m$, Dekl. $=+0°4$. Offener Sternhaufen. Durchmesser 12′. 90 Einzelsterne. Entfernung 6 200 Lj. 4″.

NGC 2169: Rekt. = 6^h08^m, Dekl. = +14°0. Offener Sternhaufen. Durchmesser 5'. 18 Einzelsterne 9–10^m, dabei Doppelstern 7^m/8^m, Distanz 2"3. Entfernung 3600 Lj. Ab 2–3".

NGC 2175: Rekt. = 6^h10^m, Dekl. = +20°3. Offener Sternhaufen. Durchmesser 18'. 15 Einzelsterne. Entfernung 6400 Lj. 2".

NGC 2186: Rekt. = 6^h12^m, Dekl. = +5°5. Offener Sternhaufen. Durchmesser 5'. Entfernung 5900 Lj. 30 Einzelsterne. 4".

NGC 2194: Rekt. = 6^h14^m, Dekl. = +12°8. Offener Sternhaufen. Durchmesser 8'. 100 Einzelsterne 10–12^m. Entfernung 5200 Lj. 4".

N M 42/NGC 1976: Rekt. = 5^h35^m, Dekl. = –5°5. Gasnebel. Durchmesser der Zentralpartie 66 x 60', insgesamt 3°. Gesamte Helligkeit 2^{m}9. Entfernung 1500 Lj. Schon im Feldstecher erkennbar. („Großer Orionnebel").

M 78/NGC 2068: Rekt. = 5^h47^m, Dekl. = +0°1. Gasnebel. Durchmesser 8 x 6'. Gesamte Helligkeit 8^m. 4".

PEGASUS – *Pegasus*   (Gen.: *Pegasi*)   **Peg**

M Pegasus soll aus dem Blut der Meduse entstammen, die von dem Held Perseus bezwungen wurde.

H α: Márkab (fälschlich „Sattel")
β: Schéat (fälschlich „Schulter")
γ: Algénib („Flügel des Pferdes")
ε: Enif („Nase des Pferdes")
ζ: Hómam („Glücksgestirn des Helden")

D

Bez.	Rekt.	Dekl.	Helligkeit	Sp.	PW	Dist.	Lj	Kl.	I	Bem.
1	21^h22^m	+19°8	4^{m}2/8^{m}2	K0/?	312°	36"3	200	ph?	2"	

V β Peg: Rekt. = 23^h04^m, Dekl. +28°1. Unregelmäßig. Helligkeit 2^{m}4–2^{m}8.

S M 15/NGC 7078: Rekt. = 21^h30^m, Dekl. +12°2. Kugelsternhaufen. Durchmesser 7.4'. Gesamte Helligkeit 6^{m}0. Entfernung 31000 Lj. Ab 2".

N NGC 7331: Rekt. = 22^h37^m, Dekl. = +34°4. Spiralnebel. Durchmesser 9.0 x 2.0'. Gesamte Helligkeit 9^{m}7. Ab 4".

PERSEUS – *Perseus*   (Gen.: *Persei*)   **Per**

M Perseus besiegte die Gorgonen und das Medusenhaupt, mit dem er die Prinzessin Andromeda von dem Walfisch befreien konnte.

H α: Algénib („Auf der rechten Seite")
β: Algol („Kopf der Gul", eines Dämons bei den Arabern, in Anlehnung an die griech. „Gorgonen")

D	Bez.	Rekt.	Dekl.	Helligkeit	Sp.	PW	Dist.	Lj	Kl.	I	Bem.
	ϑ	2^h44^m	$+49°2$	$4^m2/10^m0$	F5/M2	315°	23″2	42	ph	3″	1)
	η	2^h51^m	$+55°9$	$3^m9/ 8^m6$	K0/A	301°	28″4	815	ph?	2″	
	20	2^h54^m	$+38°3$	$5^m3/ 9^m5$	A6/?	237°	14″0	82	?	2″	
	Σ 331	3^h01^m	$+52°4$	$5^m4/ 6^m8$	B5/B8	86°	12″2	550	ph?	2″	
	ζ	3^h54^m	$+31°9$	$2^m9/ 9^m4$	B1/?	208°	12″9	1100	ph?	3″	
	ε	3^h58^m	$+40°0$	$3^m0/ 8^m1$	B1/?	9°	9″0	680	ph?	2″	
	56	4^h25^m	$+34°0$	$5^m8/ 8^m7$	F5/?	20°	4″2	98	ph?	4″	

Bemerkung: 1) Umlaufzeit 2720 Jahre

V ρ Per: Rekt. $= 3^h05^m$, Dekl. $=+38°8$. Halbregelmäßig. Periode etwa 50 Tage. Helligkeit $3^m2–4^m0$.

β Per: Rekt. $= 3^h08^m$, Dekl. $=+41°0$. Bedeckungsveränderlicher. Periode 2.8673 Tage. Dauer der Verfinsterung 9.8 Stunden. Helligkeit $2^m2–3^m5$. Durchmesser 3.0 und 3.4 mal Sonnendurchmesser. Gegenseitiger Abstand 10 Millionen km. Entfernung 95 Lj.

S h/χ Per: Rekt. $= 2^h19^m$, Dekl. $=+57°2$ / Rekt. $= 2^h22^m$, Dekl. $=+57°1$. Offener Doppelsternhaufen. Durchmesser je 36′ oder 77 Lj. Entfernung jeweils 7 300 Lj. Schon mit bloßem Auge als blasses Wölkchen erkennbar. Im Feldstecher bereits prachtvoller Anblick. Je 300–350 Einzelsterne $7–11^m$. („Doppelsternhaufen im Perseus", NGC 869/884).

M 34/NGC 1039: Rekt. $= 2^h42^m$, Dekl. $=+42°8$. Offener Sternhaufen. Durchmesser 18′. 80 Einzelsterne $7^m–10^m5$. Entfernung 1 400 Lj. 2″.

NGC 1245: Rekt. $= 3^h15^m$, Dekl. $=+47°3$. Offener Sternhaufen. Durchmesser 30′. 40 Einzelsterne $10–12^m$. Entfernung 7 500 Lj. 2″.

NGC 1342: Rekt. $= 3^h32^m$, Dekl. $= +37°8$. Offener Sternhaufen. Durchmesser 15′. 40 Einzelsterne. Entfernung 1 800 Lj. 2″.

NGC 1513: Rekt. $= 4^h10^m$, Dekl. $= +49°5$. Offener Sternhaufen. Durchmesser 12′. 40 Einzelsterne. Entfernung 2 700 Lj. 2″.

NGC 1528: Rekt. $= 4^h15^m$, Dekl. $= +51°2$. Offener Sternhaufen. Durchmesser 25′. 80 Einzelsterne. Entfernung 2 600 Lj. 2″.

NGC 1545: Rekt. $= 4^h21^m$, Dekl. $= +50°3$. Offener Sternhaufen. Durchmesser 18′. 25 Einzelsterne. Entfernung 2 600 Lj. 2″.

PFEIL – Sagitta   (Gen.: Sagittae)   **Sge**

M   Das Sternbild soll Sinnbild des kosmischen Lichts sein.

H   α : Sham (erst von Piazzi eingeführt. Bei den Arabern war „sham" Name für das ganze Sternbild).

S   M 71/NGC 6838: Rekt. $= 19^h54^m$, Dekl. $=+18°8$. Kugelsternhaufen. Durchmesser 6.1′. Gesamte Helligkeit 9^m2. Einzelsterne unter 10^m. Entfernung 18 000 Lj. 4″.

RABE – *Corvus*   (Gen.: *Corvi*)   **Crv**

M   Nach der Erzählung von Ovid sollte der Rabe einst Wasser für Apoll holen, verspätet sich aber, da ihn eine große Wasserschlange aufgehalten haben soll.

H   α :   Alchibá („Das Zelt")
       γ :   Gienah („Flügel des Raben")
       δ :   Algoráb („Rechter Flügel des Raben")

D

Bez.	Rekt.	Dekl.	Helligkeit	Sp.	PW	Dist.	Lj	Kl.	I	Bem.
δ	12^h30^m	$-16°5$	$3^m1/8^m4$	A0/K2	212°	$24''2$	17	ph?	2"	
Σ 1669	12^h41^m	$-13°0$	$6^m0/6^m1$	F6/F1	311°	$5''4$	75	ph?	2"	

V   R Crv: Rekt. = 12^h20^m, Dekl. = $-19°3$. Langperiodisch. Periode 317 Tage. Helligkeit 5^m9-14^m4.

SCHIFF ARGO – *Puppis*   (Gen.: *Puppis*)   **Pup**

M   Es war das Schiff der Argonauten, das das goldene Widdervlies holen sollte. Das Schiff konnte sprechen und weissagen.

H   ρ :   Tureis („Schild")

D

Bez.	Rekt.	Dekl.	Helligkeit	Sp.	PW	Dist.	Lj	Kl.	I	Bem.
S 552	7^h34^m	$-23°5$	$5^m9/6^m0$	F2/F2	113°	$9''4$	78	ph?	2"	
Σ 1120	7^h36^m	$-14°5$	$5^m6/9^m5$	B2/?	35°	$20''0$	1500	ph?	2"	
K	7^h39^m	$-26°8$	$4^m5/4^m6$	B8/B5	318°	$9''8$	360??		2"	
2	7^h46^m	$-14°7$	$6^m1/6^m8$	A0/A0	340°	$16''9$	550	ph?	2"	
5	7^h48^m	$-12°2$	$5^m5/7^m7$	F5/G3	5°	$2''2$	110	ph?	5"	
S 568	8^h25^m	$-24°1$	$5^m5/9^m0$	K5/K1	86°	$41''1$	425	op	2"	

S   NGC 2421: Rekt. = 7^h36^m, Dekl. = $-20°6$. Offener Sternhaufen. Durchmesser 8'. 50 Einzelsterne 9^m5-11^m. Entfernung 6 200 Lj. Ab 2–3".

NGC 2422: Rekt. = 7^h37^m, Dekl. = $-14°5$. Offener Sternhaufen. Durchmesser 25'. 50 Einzelsterne, darunter ein Doppelstern mit $7''4$ Distanz und Σ 1120. Entfernung 1 500 Lj. 2", aber auch schon F.

NGC 2423: Rekt. = 7^h37^m, Dekl. = $-13°9$. Offener Sternhaufen. Durchmesser 20'. 60 Einzelsterne, meist schwach. Entfernung 2 800 Lj. 2".

M 46/NGC 2437: Rekt. = 7^h42^m, Dekl. $-14°8$. Offener Sternhaufen. Durchmesser 24'. 150 Einzelsterne, darin der planet. Nebel NGC 2438 (Durchmesser 60 x 70". Gesamte Helligkeit 9^m3. 4"). Entfernung 5 400 Lj. Ab 2".

NGC 2447: Rekt. = 7^h45^m, Dekl. = $-23°9$. Offener Sternhaufen. Durchmesser 25'. 60 Einzelsterne. Entfernung 3 600 Lj. 2".

NGC 2489: Rekt. = 7^h56^m, Dekl. = $-30°1$. Offener Sternhaufen. Durchmesser 7'. 30 Einzelsterne 9^m5-11^m. Entfernung 3 900 Lj. 2".

NGC 2527: Rekt. = 8^h05^m, Dekl. = $-28°2$. Offener Sternhaufen. Durchmesser 22'. 50 Einzelsterne 9^m-12^m. Entfernung 3 300 Lj. 2".

NGC 2533: Rekt. $= 8^h07^m$, Dekl. $= -29°9$. Offener Sternhaufen. Durchmesser 4'. 20 Einzelsterne. Entfernung 5 500 Lj. 4".

NGC 2539: Rekt. $= 8^h11^m$, Dekl. $= -12°8$. Offener Sternhaufen. Durchmesser 21'. 150 Einzelsterne, darin Doppelstern 19 Pup ($4^m7/9^m$, Distanz 61"). Entfernung 4 200 Lj. Ab 2".

NGC 2571: Rekt. $= 8^h19^m$, Dekl. $= -29°7$. Offener Sternhaufen. Durchmesser 8'. 25 Einzelsterne. Entfernung 6 800 Lj. 2".

NGC 2587: Rekt. $= 8^h24^m$, Dekl. $= -29°5$. Offener Sternhaufen. Durchmesser 6'. 30 Einzelsterne. Entfernung 6 200 Lj? Ab 3".

SCHILD – *Scutum* (Gen.: *Scuti*) **Sct**

M Der (sobieskische) Schild ist von Hevelius zur Erinnerung der Befreiung der Stadt Wien von der Belagerung durch die Türken verstirnt worden.

D

Bez.	Rekt.	Dekl.	Helligkeit	Sp.	PW	Dist.	Lj	Kl.	I	Bem.
Σ 2325	18^h31^m	$-10°8$	$5^m8/\ 9^m1$	B3/?	257°	12"4	820	ph?	2"	
δ	18^h42^m	$-\ 9°1$	var $/10^m0$	F4/?	130°	52"5	160	?	3"	1)

Bemerkung: 1) A ist veränderlich, Helligkeit $5^m0 – 5^m2$. Periode 0.1938 Tage.

V R Sct: Rekt. $= 18^h48^m$, Dekl. $= -5°7$. Halbregelmäßig. Periode ca. 140 Tage. Helligkeit $4^m5 – 9^m$.

S M 26/NGC 6694: Rekt. $= 18^h45^m$, Dekl. $= -9°4$. Offener Sternhaufen. Durchmesser 9'. 20 Einzelsterne. Entfernung 5 000 Lj. Ab 3".

M 11/NGC 6705: Rekt. $= 18^h51^m$, Dekl. $= -6°3$. Offener Sternhaufen. Durchmesser 10'. 200 Einzelsterne $9^m – 14^m$, fast kugelförmig angeordnet. Entfernung 5 700 Lj. Schon ab F.

NGC 6712: Rekt. $= 18^h53^m$, Dekl. $= -8°7$, Kugelsternhaufen. Durchmesser 3'. Gesamte Helligkeit 8^m9. Helligkeit der Einzelsterne 15^m und darunter. Entfernung 25 000 Lj. Ab 3".

SCHLANGE – *Serpens* (Gen.: *Serpentis*) **Ser**

M Die Schlange soll Äskulap (Schlangenträger!) ein Wunderkraut gebracht haben, mit dem dieser Kranke heilen und Tote wiedererwecken konnte.

H α: Unuk Elháija („Hals der Schlange")
ϑ: Alya („Schlange")

D

Bez.	Rekt.	Dekl.	Helligkeit	Sp.	PW	Dist.	Lj	Kl.	I	Bem.
5	15^h19^m	$+\ 1°8$	$5^m2/10^m0$	F6/K4	36°	11"2	82	ph	3"	
δ	15^h35^m	$+10°5$	$4^m2/\ 5^m2$	F0/F0	179°	3"9	88	ph	2"	
ν	17^h21^m	$-12°9$	$4^m4/\ 8^m7$	A0/?	28°	46"3	150	?	2"	
h 2814	17^h56^m	$-15°8$	$5^m9/\ 9^m0$	A0/?	157°	20"8	175	ph?	2"	
59	18^h27^m	$+\ 0°2$	var $/\ 7^m8$	G0/A6	317°	3"9	270	ph?	3"	1)
ϑ	18^h56^m	$+\ 4°2$	$4^m5/\ 5^m4$	A5/A5	103°	22"6	100	ph	F	

Bemerkung: 1) A ist spektroskopischer Doppelstern. Umlaufzeit 386 Tage. Außerdem veränderlich. Helligkeit $4^m9 – 5^m9$, Typ unbekannt. B ist spektroskopischer Doppelstern. Umlaufzeit 1.85052 Tage.

V R Ser: Rekt. = 15^h51^m, Dekl. = +15°2. Langperiodisch. Periode 357 Tage. Helligkeit 5^m6-14^m0.

S M5/NGC 5904: Rekt. = 15^h19^m, Dekl. = +2°1. Kugelsternhaufen. Durchmesser 12.7'. Gesamte Helligkeit 6^m2. Hellste Sterne 12^m. Entfernung 25000 Lj. Ab 2".

M 16/NGC 6611: Rekt. = 18^h19^m, Dekl. = −13°8. Offener Sternhaufen. Durchmesser 25'. 55 Einzelsterne $8-12^m$, von hellen Nebeln umgeben. Entfernung 8100 Lj. 2".

SCHLANGENTRÄGER − *Ophiuchus* (Gen.: *Ophiuchi*) **Oph**

M Der Schlangenträger soll Äskulap sein (s. unter „Schlange").

H α : Ras Alhágue („Kopf des Schlangenträgers")
β : Celbalrai („Schäferhund")
δ,ε : Yed („Hand")
η : Sabik („Der Vorangehende")

D

Bez.	Rekt.	Dekl.	Helligkeit	Sp.	PW	Dist.	Lj	Kl.	I	Bem.
ρ	16^h26^m	−23°4	$5^m2/5^m9$	B5/B5	344°	3"1	750	ph?	2"	1)
36	17^h15^m	−26°6	$5^m3/5^m3$	K0/K0	152°	4"7	18	ph	2"	2)
o	17^h18^m	−24°3	$5^m4/6^m9$	K0/F5	355°	10"3	360	ph?	2"	
53	17^h35^m	+ 9°6	$5^m8/7^m7$	A2/?	191°	41"3	310	?	F	
67	18^h01^m	+ 2°9	$3^m9/8^m6$	B5/?	142°	54"6	2500	?	2"	
τ	18^h03^m	− 8°2	$5^m3/6^m0$	F0/?	279°	1"8	100	ph	3"	3)
70	18^h05^m	+ 2°5	$4^m3/6^m0$	K0/G	275°	1"9	17	ph	4"	4)

Bemerkung: 1) Zwei weitere Begleiter in großem Abstand (7^m9/0°/151"8 und 7^m0/253°/156"4). 2) Umlaufzeit 548.7 Jahre. 3) Umlaufzeit 280 Jahre. 4) A ist spektroskopischer Doppelstern. Umlaufzeit 18.1 Jahre. Umlaufzeit des Hauptbegleiters 88.13 Jahre. PW und Distanz für 1986. Werte für 2000: PW 147°, Distanz 3"9.

V X Oph: Rekt. = 18^h38^m, Dekl. = +8°8. Langperiodisch. Periode 334 Tage. Helligkeit 5^m9-9^m2.

S M 107/NGC 6171: Rekt. = 16^h33^m, Dekl. = −13°1. Kugelsternhaufen. Durchmesser 4'. Gesamte Helligkeit 9^m2. Entfernung 19200 Lj. 4".

M 12/NGC 6218: Rekt. = 16^h47^m, Dekl. = −1°9. Kugelsternhaufen. Durchmesser 9.3'. Gesamte Helligkeit 6^m6. Hellste Sterne 11^m. Entfernung 18000 Lj. 2".

M 10/NGC 6254: Rekt. = 16^h57^m, Dekl. = −4°1. Kugelsternhaufen. Durchmesser 8.2'. Gesamte Helligkeit 6^m7. Entfernung 14300 Lj. 2".

M 19/NGC 6273: Rekt. = 17^h03^m, Dekl. = −26°3. Kugelsternhaufen. Durchmesser 4.3'. Gesamte Helligkeit 7^m2. Entfernung 34500 Lj. 2".

NGC 6293: Rekt. = 17^h10^m, Dekl. = −26°6. Kugelsternhaufen. Durchmesser 1.9'. Gesamte Helligkeit 8^m4. Entfernung 24000 Lj. 2".

M 9/NGC 6333: Rekt. = 17^h19^m, Dekl. = −18°5. Kugelsternhaufen. Durchmesser 2.4'. Gesamte Helligkeit 7^m9. Entfernung 22500 Lj. 2".

NGC 6356: Rekt. = 17^h24^m. Dekl. = −17°8. Kugelsternhaufen. Durchmesser 1.7'. Helligkeit 8^m7. Entfernung 56000 Lj. 2".

M 14/NGC 6402: Rekt. = 17^h38^m, Dekl. = $-3°3$. Kugelsternhaufen. Durchmesser 3'. Gesamte Helligkeit 7^m7. Entfernung 33 000 Lj. 2".

I 4665: Rekt. = 17^h46^m, Dekl. = $+5°8$. Offener Sternhaufen. Durchmesser 60'. 13 Einzelsterne 7–10^m. Bei β Oph. Entfernung 1 400 Lj. Ab F.

NGC 6633: Rekt. = 18^h28^m, Dekl. = $+6°6$. Offener Sternhaufen. Durchmesser 20'. 65 Einzelsterne. Entfernung 1 050 Lj. Ab F.

N NGC 6572: Rekt. = 18^h12^m, Dekl. = $+6°8$. Planetarischer Nebel. Durchmesser 16 x 13". Gesamte Helligkeit 9^m6. Entfernung 2 000 Lj. 4".

SCHÜTZE – *Sagittarius*   (Gen.: *Sagittarii*)   **Sgr**

M Der Schütze soll der Erfinder der Bogenwaffe gewesen sein. Das Sternbild wird häufig auch als Teekanne ausgedeutet.

H α: Rukbat („Knie des Schützen")
γ: Alnasi („Spitze des Pfeils")
δ, ε, λ: Kaus („Der Bogen")

D

Bez.	Rekt.	Dekl.	Helligkeit	Sp.	PW	Dist.	Lj	Kl.	I	Bem.
S 710	19^h07^m	$-16°2$	$5^m9/9^m9$	B9/?	359°	6".0	?	?	2"	
HN 119	19^h30^m	$-27°0$	$5^m5/8^m8$	K3/?	142°	7".5	460	ph	2"	
54	19^h40^m	$-16°3$	$5^m5/8^m9$	K1/G0	42°	45".6	46	ph?	2"	

V X Sgr: Rekt. = 17^h48^m, Dekl. = $-27°8$. δ-Cephei-Stern. Helligkeit 4^m3–4^m9. Periode 7.012 Tage. Spektrum F3–G9.

W Sgr: Rekt. = 18^h05^m, Dekl. = $-29°6$. δ-Cephei-Stern. Helligkeit 4^m3–5^m0. Periode 7.5947 Tage. Spektrum F2–G6.

Y Sgr: Rekt. = 18^h21^m, Dekl. = $-18°9$. δ-Cephei-Stern. Helligkeit 5^m3–6^m0. Periode 5.7733 Tage. Spektrum F6–G5.

RR Sgr: Rekt. = 19^h56^m, Dekl. = $-29°2$, Langperiodisch. Periode 334 Tage. Helligkeit 5^m5–14^m0.

S M 23/NGC 6494: Rekt. = 17^h57^m, Dekl. = $-19°0$. Offener Sternhaufen. Durchmesser 25'. 120 Einzelsterne 9–14^m. Entfernung 2 200 Lj. 2".

NGC 6520: Rekt. = 18^h03^m, Dekl. = $-27°9$. Offener Sternhaufen. Durchmesser 5'. 25 Einzelsterne 8–11^m. Entfernung 5 400 Lj. 2".

NGC 6530: Rekt. = 18^h04^m, Dekl. = $-24°4$. Offener Sternhaufen. Durchmesser 10'. 25 Einzelsterne im Nebel M 8. Entfernung 5 200 Lj. Ab F.

M 21/NGC 6531: Rekt. = 18^h05^m, Dekl. = $-22°5$. Offener Sternhaufen. Durchmesser 10'. 50 Einzelsterne. Entfernung 4 200 Lj. Ab F.

M 24/NGC 6603: Rekt. = 18^h17^m, Dekl. = $-18°5$. Offener Sternhaufen. Durchmesser 4'. 50 Einzelsterne. Entfernung 9 400 Lj. Ab F.

M 18/NGC 6613: Rekt. = 18^h20^m, Dekl. = $-17°1$. Offener Sternhaufen. Durchmesser 12'. 12 Einzelsterne. Entfernung 3 900 Lj. 2".

M 28/NGC 6626: Rekt. = 18^{h}25^m, Dekl. = −24°9. Kugelsternhaufen. Durchmesser 4,7'. Gesamte Helligkeit 7^{m}3. Entfernung 19 900 Lj. Ab 2".

M 25/I 4725: Rekt. = 18^{h}32^m, Dekl. = −19°3. Offener Sternhaufen. Durchmesser 40'. 50 Einzelsterne. Entfernung 1 800 Lj. Ab F.

NGC 6642: Rekt. = 18^{h}32^m, Dekl. = −23°5. Kugelsternhaufen. Durchmesser 2'. Gesamte Helligkeit 7^{m}9. Entfernung 20 200 Lj. Ab 2–3".

M 22/NGC 6656: Rekt. = 18^{h}36^m, Dekl. = −23°9. Kugelsternhaufen. Durchmesser 17.3'. Gesamte Helligkeit 5^{m}9. Hellste Sterne 11^m. Entfernung 10 100 Lj. Ab F.

NGC 6716: Rekt. = 18^{h}55^m, Dekl. = −19°4. Offener Sternhaufen. Durchmesser 7'. 20 Einzelsterne 8–11^m. Entfernung 2 000 Lj. 2".

M 75/NGC 6864: Rekt. = 20^{h}06^m, Dekl. = −21°9. Kugelsternhaufen. Durchmesser 1.9'. Gesamte Helligkeit 8^{m}0. Entfernung 60 000 Lj. Ab 3".

N M 20/NGC 6514: Rekt. = 18^{h}03^m, Dekl. = −23°0. Gasnebel. Durchmesser 29 x 27'. Gesamte Helligkeit 7^{m}5. Entfernung 5 200. Lj? Ab 2". („Trifid-Nebel").

M 8/NGC 6523: Rekt. = 18^{h}04^m, Dekl. = −24°4. Gasnebel. Durchmesser 60 x 35'. Gesamte Helligkeit 5^{m}9. Entfernung 5 150 Lj? In offenen Sternhaufen NGC 6530 eingebettet. Ab F. („Lagunen-Nebel").

M 17/NGC 6618: Rekt. = 18^{h}21^m, Dekl. = −16°2. Gasnebel. Durchmesser 46 x 37'. Gesamte Helligkeit 7^{m}7. Entfernung 5 700 Lj? 2" („Omega-Nebel").

SCHWAN – *Cygnus* (Gen.: *Cygni*) **Cyg**

M Phaetons Freund beklagte dessen Tod und wurde als Schwan unter die Sterne aufgenommen.

H α: Déneb („Schwanz")
   Arided („Der auf demselben Pferd hinter dem Reiter Mitreitende")
 β: Albiréo („Vogel" ?)
 γ: Schedir, Sadr („Brust des Huhns")

D	Bez.	Rekt.	Dekl.	Helligkeit	Sp.	PW	Dist.	Lj	Kl.	I	Bem.
	β	19^{h}31^m	+28°0	3^{m}2/5^{m}4	K0/B9	54°	34".4	400	op	F	
	δ	19^{h}45^m	+45°1	3^{m}0/6^{m}5	A0	228°	2".2	160	ph	5"	1)
	17	19^{h}46^m	+33°7	5^{m}0/8^{m}5	F3/K4	70°	25".9	73	ph?	2"	
	ψ	19^{h}56^m	+52°4	4^{m}9/7^{m}4	A3/?	177°	3".1	170	ph?	3"	
	Σ 2741	20^{h}59^m	+50°5	5^{m}9/7^{m}2	B8/?	27°	1".9	100	ph	3"	
	59	21^{h}00^m	+47°5	4^{m}9/9^{m}3	B1/?	353°	20".3	1600	ph?	2"	
	61	21^{h}07^m	+38°8	5^{m}5/6^{m}4	K5/K7	147°	29".4	11	ph	F	2)
	Σ 2762	21^{h}09^m	+30°2	var /7^{m}7	B8/?	308°	3".4	156	ph?	2"	3)
				var /9^{m}2	B8/?	227°	58".0	156	op	2"	
	μ	21^{h}44^m	+28°8	4^{m}7/6^{m}1	F5/F5	302°	1".7	1500	ph	5"	4)

Bemerkung: 1) Umlaufzeit 828 Jahre. 2) Umlaufzeit 653.3 Jahre. 3) A ist veränderlich (halbregelmäßig oder unregelmäßig?), Helligkeit 5^{m}6–5^{m}8. 4) Umlaufzeit 507.5 Jahre.

V χ Cyg: Rekt. = 19^{h}51^m, Dekl. = +32°9. Langperiodisch. Periode 407 Tage. Helligkeit 3^{m}3–14^{m}3.

W Cyg: Rekt. = 21^{h}36^m, Dekl. = +45°4. Halbregelmäßig. Periode ca. 126 Tage. Helligkeit 5^{m}0–7^{m}6.

S NGC 6866: Rekt. = 20^{h}04^m, Dekl. = +44°0. Offener Sternhaufen. Durchmesser 6'. 50 Einzelsterne. Entfernung 3 900 Lj. Ab 2".

NGC 6883: Rekt. = 20^{h}11^m, Dekl. = +35°9. Offener Sternhaufen. Durchmesser 12'. 20 Einzelsterne. Entfernung 4 500 Lj. Ab 2".

I 4996: Rekt. = 20^{h}17^m, Dekl. = +37°6. Offener Sternhaufen. Durchmesser 6'. 40 Einzelsterne. Entfernung 5 400 Lj. Ab 2".

NGC 6910: Rekt. = 20^{h}23^m, Dekl. = +40°8. Offener Sternhaufen. Durchmesser 8'. 40 Einzelsterne. Entfernung 5 400 Lj. Ab F.

M 39/NGC 7092: Rekt. = 21^{h}32^m, Dekl. = +48°4. Offener Sternhaufen. Durchmesser 30'. 25 Einzelsterne 6–9^m. Entfernung 880 Lj. Ab F.

N NGC 6826: Rekt. = 19^{h}45^m, Dekl. = +50°5. Planetarischer Nebel. Durchmesser 27 x 24". Gesamte Helligkeit 8^{m}8. Entfernung 3 300 Lj. 3".

Die berühmten Cirrus-Nebel (bei etwa Rekt. = 20^{h}55^m, Dekl. = +31°) und der Nordamerikanebel (bei etwa Rekt. = 21^{h}00^m, Dekl. = +44°) sind im allgemeinen nur photographisch gut zu erfassen. Dagegen können sie gelegentlich in sehr lichtstarken Feldstechern noch gesehen werden.

SEXTANT – Sextans   (Gen.: Sextantis)   **Sex**

M Das Sternbild wurde erst von Hevelius eingeführt.

N NGC 3115: Rekt. = 10^{h}05^m, Dekl. = −7°7. Elliptischer Nebel 4.0 x 1.0'. Gesamte Helligkeit 9^{m}3. 4".

SKORPION – Scorpius   (Gen.: Scorpii)   **Sco**

M Der Skorpion soll den Himmelsjäger Orion zu Tode gestochen haben und wurde daher dem Orion am Himmel gegenüber angebracht, so daß beide Sternbilder nie gleichzeitig über dem Horizont stehen können.

H α: Antáres (lat. „Gegenmars")
Calbalakrab („Herz des Skorpions")
β: Akrab („Skorpion")

D

Bez.	Rekt.	Dekl.	Helligkeit	Sp.	PW	Dist.	Lj	Kl.	I	Bem.
2	15^{h}54^m	−25°3	4^{m}8/7^{m}3	B3/?	272°	2"5	700	ph?	4"	
ξ	16^{h}04^m	−11°4	4^{m}8/7^{m}2	F5/F5	54°	7"4	85	ph?	2"	
β	16^{h}05^m	−19°8	2^{m}6/5^{m}1	B1/B3	23°	13"7	815	op	2"	
ν	16^{h}12^m	−19°5	4^{m}3/6^{m}4	B3/A	337°	41"4	550	ph?	F	
			6^{m}4/7^{m}8	A /?	50°	2"3	550	ph?	3"	
12	16^{h}12^m	−28°4	5^{m}8/7^{m}8	B9/?	75°	3"9	390	ph?	2"	
α	16^{h}29^m	−26°4	var /6^{m}5	M0/A3	276°	2"5	330	ph	5"	1)

Bemerkung: 1) A ist veränderlich. Halbregelmäßig. Periode ca. 1733 Tage. Helligkeit 0^{m}9–1^{m}8. Umlaufzeit 878 Jahre.

S   M 80/NGC 6093: Rekt. $= 16^h17^m$, Dekl. $= -23°0$. Kugelsternhaufen. Durchmesser 7'. Gesamte Helligkeit 7^m7. Entfernung 27 000 Lj. A 2–3".

M 4/NGC 6121: Rekt. $= 16^h24^m$, Dekl. $= -26°5$. Kugelsternhaufen. Durchmesser 26'. Gesamte Helligkeit 6^m4. Entfernung 7 000 Lj. Ab F.

STEINBOCK – Capricornus   (Gen.: Capricorni)   **Cap**

M   Der Steinbock (oder besser „Ziegenfisch" in der alten Mythologie) soll der Waldgott Pan gewesen sein, der sich in dieses Tier verwandelte, um vor dem Riesen Typhon sicher zu sein.

H   α: Algedi
             Dabih („Glücksgestirn des Schlachtenden")
        β: Sadalzabih (Bedeutung wie bei „Dabih")
        γ, δ: Déneb Algédi („Schwanz des Steinbocks")
             Naschíra (vermutlich Name einer arabischen Gottheit)

D

Bez.	Rekt.	Dekl.	Helligkeit	Sp.	PW	Dist.	Lj	Kl.	I	Bem.
α^1/α^2	20^h18^m	$-12°5$	$4^m5/3^m8$	G0/G5	111°	$376''0$		op	bl. Auge	1)
			$4^m5/9^m0$	G0/?	221°	$45''5$		op	2"	
β	20^h21^m	$-14°8$	$3^m3/6^m1$	G0/A0	267°	205"	150	ph?	F	
π	20^h27^m	$-18°2$	$5^m2/8^m5$	B8/?	148°	$3''2$	470	ph?	3"	

Bemerkung: 1) Entfernung von α^1 1 600 Lj, von α^2 120 Lj.

S   M 30/NGC 7099: Rekt. $= 21^h40^m$, Dekl. $= -23°2$. Kugelsternhaufen. Durchmesser 5.7'. Gesamte Helligkeit 8^m4. Entfernung 21 000 Lj. 3".

STIER – Taurus   (Gen.: Tauri)   **Tau**

M   Jupiter soll sich in diesen Stier verwandelt haben, um sich der Königstochter Europa zu bemächtigen.

H   α: Aldebarán („der [den Plejaden] Nachfolgende")
        β: Elnáth („Horn")
        ε: Ain („Auge")

D

Bez.	Rekt.	Dekl.	Helligkeit	Sp.	PW	Dist.	Lj	Kl.	I	Bem.
7	3^h34^m	$+24°5$	$5^m9/9^m7$	A2/?	58°	$22''5$	210	?	2"	
30	3^h48^m	$+11°2$	$5^m0/9^m3$	B3/?	59°	$9''2$	700	ph?	3"	
Σ 495	4^h08^m	$+15°2$	$5^m9/8^m8$	F2/?	221°	$3''8$	130	ph?	4"	
φ	4^h20^m	$+27°4$	$5^m1/8^m7$	K0/?	250°	$52''1$	270	op	F	
χ	4^h23^m	$+25°6$	$5^m4/7^m6$	B9/?	25°	$19''9$	320	ph?	2"	
80	4^h30^m	$+15°6$	$5^m9/7^m9$	A6/?	16°	$1''8$	140	ph	5"	1)
103	5^h08^m	$+24°3$	$5^m5/9^m0$	B3/?	197°	$35''3$	950	op	2"	
118	5^h29^m	$+25°2$	$5^m9/6^m6$	A0/?	204°	$5''1$	250?	ph	2"	

Bemerkung: 1) Umlaufzeit 189.5 Jahre. PW und Distanz für 1986.

V   λ Tau: Rekt. $= 4^h01^m$, Dekl. $= +12°5$. Bedeckungsveränderlicher. Periode 3.9530 Tage. Helligkeit 3^m5-4^m0.

S M 45: Rekt. $= 3^h47^m$, Dekl. $= +24°1$. Offener Sternhaufen. Durchmesser 100' oder über 10 Lj. 500 Einzelsterne ab 3^m. Entfernung 410 Lj. Mit bloßem Auge bereits mindestens 6 Sterne sichtbar. Prachtvolles Objekt für Feldstecher. Hauptstern („Alcyone") 4fach. In sehr lichtstarken Geräten (z. B. auch Feldstecher) und in sehr dunkler Nacht ist der Sternhaufen in schwache Staubnebel eingehüllt zu beobachten. („Plejaden", „Siebengestirn", „Gluckhenne", „Kuckucksgestirn").

Hyaden: Mitte Rekt.: $= 4^h27^m$, Dekl. $= +16°$. Offener Sternhaufen bzw. Sternstrom (in Richtung OSO). Durchmesser 330' oder 12 Lj. 40 Einzelsterne ab 3^m. Entfernung 130 Lj. Schon mit bloßem Auge sichtbar.

NGC 1647: Rekt. $= 4^h46^m$, Dekl. $= +19°1$. Offener Sternhaufen. Durchmesser 40'. 30 Einzelsterne 9^m und darunter. Entfernung 1800 Lj. 2".

NGC 1746: Rekt. $= 5^h04^m$, Dekl. $= +23°8$. Offener Sternhaufen. Durchmesser 45'. 60 Einzelsterne. Entfernung 1400 Lj. 2".

NGC 1807: Rekt. $= 5^h11^m$, Dekl. $= +16°5$. Offener Sternhaufen. Durchmesser 10'. 15 Einzelsterne. Entfernung 3600 Lj? 2".

NGC 1817: Rekt. $= 5^h12^m$, Dekl. $= +16°8$. Offener Sternhaufen. Durchmesser 15'. 10 Einzelsterne. Entfernung 5700 Lj. 2".

N M 1/NGC 1952: Rekt. $= 5^h35^m$, Dekl. $= +22°0$. Gasnebel. Durchmesser 360 x 240". Gesamte Helligkeit 8^m4. Zentralstern 16^m (Pulsar). Entfernung 6300 Lj. Ab 3" (evtl. auch 2"). Überreste einer Supernova vom Jahre 1054 („Krabbennebel", „Crabnebel").

SÜDLICHER FISCH – *Piscis austrinus*   (Gen.: *Piscis austrini*)   **PsA**

M Dieser Fisch soll die ägyptische Königin Isis vor dem Ertrinken errettet haben.

H α : Fomalhaút („Maul des Fisches")
  Díphda („Frosch")

D	Bez.	Rekt.	Dekl.	Helligkeit	Sp.	PW	Dist.	Lj	Kl.	I	Bem.
	η	22^h01^m	$-28°4$	$5^m8/6^m8$	B8/?	115°	1"6	425	?	4"	

WAAGE – *Libra*   (Gen.: *Librae*)   **Lib**

M Die Waage war bei den Griechen Sinnbild der Gerechtigkeit.

H α : Zúben Elgenúbi („Südliche Schere", nämlich des Skorpions)
  β : Zúben Eschemáli („Nördliche Schere")

D	Bez.	Rekt.	Dekl.	Helligkeit	Sp.	PW	Dist.	Lj	Kl.	I	Bem.
	μ	14^h49^m	$-14°2$	$5^m8/6^m7$	A2/?	355°	1"7	72	ph	4"	
	$α^2/α^1$	14^h51^m	$-16°0$	$2^m9/5^m3$	A3/F4	314°	231"	65	ph	F	
	HN 28	14^h58^m	$-21°4$	$5^m8/8^m1$	K5/M1	303°	230"	19	?	2"	
	ι	15^h12^m	$-19°8$	$4^m7/9^m7$	B9/?	111°	58"6	300	ph?	2"	

V δ Lib: Rekt. $= 15^h01^m$, Dekl. $= -8°5$. Bedeckungsveränderlicher. Periode 2,327 Tage. Verfinsterung 13 Std. Helligkeit $4^m8–5^m9$.

WALFISCH – *Cetus*   (Gen.: *Ceti*)   **Cet**

M Der Walfisch spielt in der Perseus-Sage eine Rolle.

H α: Menkár, Menkáb („Nase")
  β: Déneb Kaítos („Schwanz des Walfisches")
      Díphda („Frosch")
  ζ: Báten Kaítos („Bauch des Walfisches")

D

Bez.	Rekt.	Dekl.	Helligkeit	Sp.	PW	Dist.	Lj	Kl.	I	Bem.
37	1^h14^m	− 7°9	$5^m2/7^m8$	F2/?	331°	49.6	75	ph?	2"	
66	2^h13^m	− 2°4	$5^m7/7^m7$	F9/G4	232°	16.3	74	ph?	2"	
HIII 80	2^h26^m	−15°3	$5^m8/9^m5$	A4/?	293°	12.3	68	ph?	2"	
ν	2^h36^m	+ 5°6	$5^m0/9^m8$	G5/?	83°	7.8	270	ph?	3"	
84	2^h41^m	− 0°7	$5^m7/9^m4$	F6/?	310°	4.0	95	ph?	4"	
γ	2^h43^m	+ 3°2	$3^m5/7^m3$	A2/F7	294°	2.8	75	ph	3"	

V o Cet: Rekt. $= 2^h19^m$, Dekl. $= −3°0$. Langperiodisch. Periode 331.96 Tage. Helligkeit $2^m0–10^m1$. Entfernung 220 Lj. („Mira" – Der Wunderbare).

N NGC 246: Rekt. $= 0^h47^m$, Dekl. $= −11°9$. Planetarischer Nebel. Durchmesser 240 x 210". Gesamte Helligkeit 8^m5. Entfernung 1 300 Lj. Ab 3".

 M 77/NGC 1068: Rekt. $= 2^h43^m$, Dekl. $= 0°0$. Spiralnebel. Durchmesser 2.5 x 1.7'. Gesamte Helligkeit 8^m9. Ab 3".

WASSERMANN – *Aquarius*   (Gen.: *Aquarii*)   **Aqr**

M Es handelt sich um Deukalion, den Sohn des Prometheus, dessen Wunsch nach einem besseren Menschengeschlecht von den Göttern erfüllt wurde.

H α: Sadalmélik („König")
  β: Sadalsuúd („Allerwelts-Glücksstern")
  γ: Sadachbiá („Glücksgestirn der Zelte")

D

Bez.	Rekt.	Dekl.	Helligkeit	Sp.	PW	Dist.	Lj	Kl.	I	Bem.
12	21^h04^m	− 5°8	$5^m9/7^m3$	F5/A3	192°	2.8	100	ph?	3"	
41	22^h14^m	−21°1	$5^m7/7^m2$	K0/F8	116°	5.0	360	ph?	2"	
53	22^h27^m	−16°8	$6^m4/6^m6$	G0/G0	334°	3.1	60	ph	2"	
ζ	22^h29^m	− 0°0	$4^m4/4^m6$	F1/F2	215°	1.8	98	ph	3"	1)
τ¹	22^h50^m	−13°8	$5^m7/9^m6$	A0/?	120°	25.6	300?	op	2"	
ψ¹	23^h19^m	− 9°5	$4^m5/9^m4$	K0/?	312°	49.4	170	?	2"	
94	23^h19^m	−13°5	$5^m3/7^m7$	G4/K2	348°	13.3	75	ph?	2"	
107	23^h46^m	−18°7	$5^m7/7^m0$	A5/F2	136°	6.5	140	ph	2"	

Bemerkung: 1) Umlaufzeit 856 Jahre. Daten für 1986.

S M 72/NGC 6981: Rekt. $= 20^h54^m$, Dekl. $= −12°5$. Kugelsternhaufen. Durchmesser 2.0'. Gesamte Helligkeit 9^m8. Entfernung 56 000 Lj. Ab 2".

M 2/NGC 7089: Rekt. = 21^{h}34^m, Dekl. = −0°8. Kugelsternhaufen. Durchmesser 8.2'. Gesamte Helligkeit 6^{m}3. Entfernung 37 000 Lj. Ab 2".

N NGC 7009: Rekt. = 21^{h}04^m, Dekl. = −11°4. Planetarischer Nebel. Durchmesser 44 x 26". Gesamte Helligkeit 7^{m}2. Zentralstern 11^{m}7. Entfernung 2 900 Lj. Ab 2" („Saturn-Nebel").

NGC 7293: Rekt. = 22^{h}30^m, Dekl. = −20°8. Planetarischer Nebel. Durchmesser 900 x 720". Gesamte Helligkeit 6^{m}5. Zentralstern 13^{m}3. Entfernung 330 Lj ? Wegen geringer Flächenhelligkeit sehr schwer zu beobachten. Lichtstarke Instrumente! („Helix-Nebel").

WASSERSCHLANGE – Hydra   (Gen.: Hydrae)   **Hya**

M Diese Wasserschlange soll den Raben aufgehalten haben, rechtzeitig dem Apoll Wasser zu bringen.

H α: Alphárd („Der vereinzelt stehende Stern")
σ: Minchir („Nase der Hydra")

D	Bez.	Rekt.	Dekl.	Helligkeit	Sp.	PW	Dist.	Lj	Kl.	I	Bem.
	27	9^{h}21^m	− 9°6	5^{m}0/6^{m}9	G9/F5	211°	229″0	127	op?	F	
				6^{m}9/9^{m}0	F5/K2	196°	9″6	127	ph?	2"	
	I	9^{h}41^m	−23°6	4^{m}8/8^{m}1	B3/?	292°	54″4	500	op	F	
	Sh 110	10^{h}04^m	−18°1	5^{m}8/8^{m}0	A0/?	274°	21″0	?	?	2"	
	S 651	13^{h}37^m	−26°5	5^{m}5/7^{m}0	A2/?	192°	10″9	300	ph?	2"	
	54	14^{h}46^m	−25°4	5^{m}2/7^{m}1	F1/?	128°	8″8	166	ph	2"	

V U Hya: Rekt. = 10^{h}38^m, Dekl. = −13°4. Unregelmäßig? Helligkeit 4^{m}8–5^{m}8.

R Hya: Rekt. = 13^{h}30^m, Dekl. = −23°3. Langperiodisch. Periode 390 Tage. Helligkeit 3^{m}5–10^{m}9.

NGC 2548: Rekt. = 8^{h}14^m, Dekl. = −5°8. Offener Sternhaufen. Durchmesser 30'. 80 Einzelsterne 8–12^m. Entfernung 2 000 Lj. 2".

M 68/NGC 4590: Rekt. = 12^{h}40^m, Dekl. = −26°8. Kugelsternhaufen. Durchmesser 9'. Gesamte Helligkeit 8^{m}2. Entfernung 31 000 Lj. Ab 2–3".

N NGC 3242: Rekt. = 10^{h}25^m, Dekl. = −18°6. Planetarischer Nebel. Durchmesser 40 x 35". Gesamte Helligkeit 8^{m}9. Zentralstern 11^{m}4. Scheibenförmig mit 6" breitem Ring. Entfernung 1 900 Lj. Ab 3".

WIDDER – Aries   (Gen.: Arietis)   **Ari**

M Phrixos und Helle, die beiden Kinder der Wolkengöttin Nephele und des Herrschers von Orchomenos sollten auf Wunsch der Prinzessin Ino, der späteren Geliebten des Vaters der beiden Kinder, geopfert werden. Ein goldener Widder entführte indessen Phrixos, während Helle auf der Flucht in das Meer stürzt (daher „Hellespont"!).

H α: Elnáth („Der mit dem Horn Stoßende")
       Hámal („Widder")
β: Elscheratáin, Scheratán („Die beiden Zeichen")
γ: Mesarthím, Mesartún („Die Bediente des Widders")
δ: Botein („Bäuchlein")

D	Bez.	Rekt.	Dekl.	Helligkeit	Sp.	PW	Dist.	Lj	Kl.	I	Bem.
γ	1^h54^m	+19°3	$4^m8/4^m8$	A0/A0	359°	7"8	117	ph?	2"		
λ	1^h58^m	+23°6	$4^m8/7^m4$	A5/G0	46°	37"4	137	ph?	F		
33	2^h41^m	+27°1	$5^m4/8^m5$	A6/?	1°	28"8	166	?	2"		
π	2^h49^m	+17°5	$5^m3/8^m3$	B5/?	119°	3"2	620	ph?	4"	1)	
ε	2^h59^m	+21°3	$5^m3/5^m5$	A2/A2	203°	1"4	156	ph?	4"		

Bemerkung: 1) A ist spektroskopischer Doppelstern. Umlaufzeit 3.85 Tage. In PW = 110° und 25" Distanz weiterer Begleiter 10^m2.

ZWILLINGE – *Gemini*   (Gen.: *Geminorum*)   **Gem**

M Pollux war unsterblich, während Kastor in das Reich der Toten eingehen mußte. Pollux versuchte jedoch, dort seinen Zwillingsbruder jeden zweiten Tag zu besuchen.

H α: Kastor
Rasalgeúze (eigentlich „Kopf des Orion")
β: Pollux
γ: Alhéna („eingebrannte Marke an dem Hals eines Kamels")
δ: Wásat („Mitte")
ε: Mebsúta („Vorderpfote des Löwen")
ζ: Mekbúda („Die angezogene Tatze des Löwen")
η, μ: Teját („Regensterne"?)

D	Bez.	Rekt.	Dekl.	Helligkeit	Sp.	PW	Dist.	Lj	Kl.	I	Bem.
μ	6^h23^m	+22°5	$3^m2/9^m8$	M3/?	141°	122"5	150	op	2"		
ν	6^h29^m	+20°2	$4^m1/8^m7$	B5/?	330°	113"	360	op	F		
38	6^h55^m	+13°2	$4^m7/7^m6$	F0/?	146°	7"0	84	ph	2"	1)	
δ	7^h20^m	+22°0	$3^m5/8^m1$	F0/M0	223°	6"0	58	ph	2"	2)	
α	7^h35^m	+31°9	$2^m0/2^m9$	A0/A0	81°	2"6	45	ph	3"	3)	
				$2^m0/9^m1$	A0/M1	164°	72"5	45	ph	2"	4)	
χ	7^h44^m	+24°4	$3^m7/9^m5$	G5/?	240°	7"1	150	ph	3"		

Bemerkung: 1) Umlaufzeit 3190 Jahre. 2) Umlaufzeit 1200 Jahre. 3) Umlaufzeit 420 Jahre? A und B spektroskopische Doppelsterne. Umlaufzeit 9.21280 Tage bzw. 2.92832 Tage. 4) C ist Bedeckungsveränderlicher, Umlaufzeit 0.81 Tage (YY Gem).

V η Gem: Rekt. = 6^h15^m, Dekl. = +22°5. Halbregelmäßig. Periode ca. 233 Tage. Helligkeit $3^m1–3^m9$.

ζ Gem: Rekt. = 7^h04^m, Dekl. = +20°6. δ-Cephei-Stern. Periode 10.15 Tage. Helligkeit $3^m7–4^m1$. Entfernung 1400 Lj.

R Gem: Rekt. = 7^h07^m, Dekl. = +22°7. Langperiodisch. Periode 370 Tage. Helligkeit $5^m9–14^m1$.

S M 35/NGC 2168: Rekt. = 6^h09^m, Dekl. = +24°3. Offener Sternhaufen. Durchmesser 40'. 120 Einzelsterne $8–12^m$. Entfernung 2800 Lj. Ab F.

N NGC 2392: Rekt. = 7^h29^m, Dekl. = +20°9. Planetarischer Nebel. Durchmesser 47 x 43". Gesamte Helligkeit 8^m3. Zentralstern 10^m5. Entfernung 2900 Lj. Ab 3".

DER MESSIERKATALOG

Dieser auch heute noch im Gebrauch befindliche Katalog von Sternhaufen und Nebeln wurde von Charles Messier (1730–1817) aufgestellt. Die meisten dieser Objekte können auch bereits in kleineren Fernrohren beobachtet werden und sind in unserem Abschnitt „Die Sternbilder und ihre Objekte" näher beschrieben. (NGC = NEW GENERAL CATALOGUE)

Art des Objekts: OS Offener Sternhaufen, KS Kugelsternhaufen, HN Heller Nebel, PN Planetarischer Nebel, S Spiralförmige Galaxie, E Elliptische Galaxie, U Unregelmäßige Galaxie.

M	NGC	Rekt.	Dekl.	Stern-bild	Art	M	NGC	Rekt.	Dekl.	Stern-bild	Art
1	1952	5^h34^m5	+22°01'	Tau	HN	56	6779	19^h16^m6	+30°11'	Lyr	KS
2	7089	21 33.5	−0 49	Aqr	KS	57	6720	18 53.6	+33 02	Lyr	PN
3	5272	13 42.2	+28 23	CVn	KS	58	4579	12 37.7	+11 49	Vir	S
4	6121	16 23.6	−26 32	Sco	KS	59	4621	12 42.0	+11 39	Vir	E
5	5904	15 18.6	+2 05	Ser	KS	60	4649	12 43.7	+11 33	Vir	E
6	6405	17 40.1	−32 13	Sco	OS	61	4303	12 21.9	+4 28	Vir	S
7	6475	17 53.9	−34 49	Sco	OS	62	6266	17 01.2	−30 07	Oph	KS
8	6523	18 03.8	−24 23	Sgr	HN	63	5055	13 15.8	+42 02	CVn	S
9	6333	17 19.2	−18 31	Oph	KS	64	4826	12 56.7	+21 41	Com	S
10	6254	16 57.1	−4 06	Oph	KS	65	3623	11 18.9	+13 05	Leo	S
11	6705	18 51.1	−6 16	Sct	OS	66	3627	11 20.2	+12 59	Leo	S
12	6218	16 47.2	−1 57	Oph	KS	67	2682	8 50.4	+11 49	Cnc	OS
13	6205	16 41.7	+36 28	Her	KS	68	4590	12 39.5	−26 45	Hya	KS
14	6402	17 37.6	−3 15	Oph	KS	69	6637	18 31.4	−32 21	Sgr	KS
15	7078	21 30.0	+12 10	Peg	KS	70	6681	18 43.2	−32 18	Sgr	KS
16	6611	18 18.8	−13 47	Ser	OS	71	6838	19 53.8	+18 47	Sge	KS
17	6618	18 20.8	−16 11	Sgr	HN	72	6981	20 53.5	−12 32	Aqr	KS
18	6613	18 19.9	−17 08	Sgr	OS	73	6994	20 58.9	−12 38	Aqr	OS?
19	6273	17 02.6	−26 16	Oph	KS	74	628	1 36.7	+15 47	Psc	S
20	6514	18 02.6	−23 02	Sgr	HN	75	6864	20 06.1	−21 55	Sgr	KS
21	6531	18 04.6	−22 30	Sgr	OS	76	650-1	1 42.4	+51 34	Per	PN
22	6656	18 36.4	−23 54	Sgr	KS	77	1068	2 42.7	−0 01	Cet	S
23	6494	17 56.8	−19 01	Sgr	OS	78	2068	5 46.7	+0 03	Ori	HN
24	6603	18 16.9	−18 29	Sgr	OS	79	1904	5 24.5	−24 33	Lep	KS
25	IC 4725	18 31.6	−19 15	Sgr	OS	80	6093	16 17.0	−22 59	Sco	KS
26	6694	18 45.2	−9 24	Sct	OS	81	3031	9 55.6	+69 04	UMa	S
27	6853	19 59.6	+22 43	Vul	PN	82	3034	9 55.8	+69 41	UMa	U
28	6626	18 24.5	−24 52	Sgr	KS	83	5236	13 37.0	−29 52	Hya	S
29	6913	20 23.9	+38 32	Cyg	OS	84	4374	12 25.1	+12 53	Vir	E
30	7099	21 40.4	−23 11	Cap	KS	85	4382	12 25.4	+18 11	Com	E
31	224	0 42.7	+41 16	And	S	86	4406	12 26.2	+12 57	Vir	E
32	221	0 42.5	+40 52	And	E	87	4486	12 30.8	+12 24	Vir	E
33	598	1 33.9	+30 39	Tri	S	88	4501	12 32.0	+14 25	Com	S
34	1039	2 42.0	+42 47	Per	OS	89	4552	12 35.7	+12 33	Vir	E
35	2168	6 08.9	+24 20	Gem	OS	90	4569	12 36.8	+13 10	Vir	S
36	1960	5 36.1	+34 08	Aur	OS	91	4548	12 35.4	+14 30	Com	S

M	NGC	Rekt.	Dekl.	Stern-bild	Art	M	NGC	Rekt.	Dekl.	Stern-bild	Art
37	2099	5^h52^m4	$+32°33'$	Aur	OS	92	6341	17^h17^m1	$+43°08'$	Her	KS
38	1912	5 28.7	$+35$ 50	Aur	OS	93	2447	7 44.6	-23 52	Pup	OS
39	7092	21 32.2	$+48$ 26	Cyg	OS	94	4736	12 50.9	$+41$ 07	CVn	S
(40		12 22.4	$+58$ 05	UMa)	2 Sterne	95	3351	10 44.0	$+11$ 42	Leo	S
41	2287	6 47.0	-20 44	CMa	OS	96	3368	10 46.8	$+11$ 49	Leo	S
42	1976	5 35.4	-5 27	Ori	HN	97	3587	11 14.8	$+55$ 01	UMa	PN
43	1982	5 35.6	-5 16	Ori	HN	98	4192	12 13.8	$+14$ 54	Com	S
44	2632	8 40.1	$+19$ 59	Cnc	OS	99	4254	12 18.8	$+14$ 25	Com	S
45		3 47.0	$+24$ 07	Tau	OS	100	4321	12 22.9	$+15$ 49	Com	S
46	2437	7 41.8	-14 49	Pup	OS	101	5457	14 03.2	$+54$ 21	UMa	S
47	2422	7 36.6	-14 30	Pup	OS	102	5866	15 06.5	$+55$ 46	Dra	E
48	2548	8 13.8	-5 48	Hya	OS	103	581	1 33.2	$+60$ 42	Cas	OS
49	4472	12 29.8	$+8$ 00	Vir	E	104	4594	12 40.0	-11 37	Vir	S
50	2323	7 03.2	-8 20	Mon	OS	105	3379	10 47.8	$+12$ 35	Leo	E
51	5194-5	13 29.9	$+47$ 12	CVn	S	106	4258	12 19.0	$+47$ 18	CVn	S
52	7654	23 24.2	$+61$ 35	Cas	OS	107	6171	16 32.5	-13 03	Oph	KS
53	5024	13 12.9	$+18$ 10	Com	KS	108	3556	11 11.5	$+55$ 40	UMa	S
54	6715	18 55.1	-30 29	Sgr	KS	109	3992	11 57.6	$+53$ 23	UMa	S
55	6809	19 40.0	-30 58	Sgr	KS	110	205	0 40.4	$+41$ 41	And	E?

LEXIKON DER WICHTIGSTEN FACHAUSDRÜCKE

Es sind nur die wichtigsten, immer wiederkehrenden Fachausdrücke hier zusammengestellt und erklärt. Ein → verweist auf ein anderes Stichwort.

Aberration
Ortsverschiebung eines Gestirns durch die Erdbewegung und endliche Ausbreitungsgeschwindigkeit des Lichtes.

absolute Helligkeit
tatsächliche (wahre) Leuchtkraft eines Sterns. Definitionsgemäß entspricht die absolute Helligkeit eines Sterns der scheinbaren Helligkeit, wenn der Stern aus einem Abstand von 10 pc beobachtet werden könnte.

Absorptionslinien
im → Spektrum. Dunkle Linien bestimmter chemischer Elemente mit bestimmten Wellenlängen.

Albedo
Rückstrahlungsfähigkeit eines Körpers für Lichtstrahlen. Eine Albedo von 0.40 bedeutet zum Beispiel, daß der betreffende Himmelskörper das 0.40fache oder 40 % des auftreffenden Lichtes wieder zurückwirft.

Apastron
Bei Doppelsternbahnen: Punkt in der Bahn des Begleiters, in dem dieser dem Hauptstern am fernsten steht.

Apex
Richtung, in die sich ein Himmelskörper bewegt.

Aphel
Sonnenfernster Punkt einer Planetenbahn. Gegensatz → Perihel.

Apogäum
Erdfernster Punkt der Bahn des Mondes oder eines künstlichen Satelliten. Gegensatz → Perigäum.

Apsidenlinie
Verbindungslinie zwischen Aphel und Perihel, Apogäum und Perigäum der Bahn eines Planeten oder des Mondes.

Aspekte
nennt man die besonderen Stellungen eines Planeten in bezug auf einen anderen Planeten oder die Sonne → Konjunktion, Opposition, Quadratur.

Astronomische Einheit
Mittlere Entfernung Erde – Sonne = 149 597 870 km.

Assoziation
(deutsch: Ansammlung). Gruppe sehr heißer Sterne vom Spektraltyp O oder T Tauri-Sterne, die meistens eine Expansion zeigen.

Azimut
(Abkürzung a). Winkelabstand eines Horizontpunktes vom Südpunkt. Wird meist von S über W, N und O nach S von 0° bis 360°, häufig aber auch von N über O, S, W nach N gezählt.

Bahnelemente
Bestimmungsstücke zur Festlegung der Bahn eines Himmelskörpers.

Beschleunigung
Geschwindigkeitszuwachs pro Zeiteinheit. Die Beschleunigung eines fallenden Körpers auf der Erde beträgt zum Beispiel 9,81 m/s^2.

BL Lacertae-Objekt
Aktive Galaxie, ähnlich → Quasar, jedoch ohne Emissions- und Absorptionslinien.

bolometrische Helligkeit

Bei der Messung bzw. Ermittlung der bol. Helligkeit wird der **gesamte** Wellenbereich, den ein Himmelskörper ausstrahlt, berücksichtigt.

Breite

(Abkürzung b). Winkelabstand eines Sterns von der → Ekliptik.

Deklination

(Abkürzung δ). Winkelabstand eines Gestirns vom Himmelsäquator.

Dopplereffekt

Veränderung der Wellenlänge (z. B. einer Spektrallinie) durch die Bewegung einer Lichtquelle (oder Schallquelle) längs der Blickrichtung. Beim Licht bedeutet Rotverschiebung eine Abstandsvergröße-rung, Violettverschiebung eine Abstandsverringerung.

Eigenbewegung

Bewegung eines Sterns rechtwinklig zur Blickrichtung. Wird in Bogensekunden pro Jahr oder Jahrhun-dert angegeben.

Ekliptik

Jährliche scheinbare Sonnenbahn, hervorgerufen durch die Bewegung der Erde um die Sonne.

Elongation

Winkelabstand eines → unteren Planeten von der Sonne.

Emission

Aussendung von Licht oder anderer Wellenstrahlung sowie von Teilchen.

Emissionslinien

im → Spektrum. Helle Linien bestimmter chemischer Elemente mit bestimmten Wellenlängen.

Entfernungsmodul

Differenz zwischen scheinbarer und absoluter Helligkeit (m – M). Wird gelegentlich als Entfernungs-maß verwendet.

Ephemeriden

Tägliche Vorausberechnung der Bahn von Himmelskörpern und anderer Himmelserscheinungen.

Extinktion

Die Erdatmosphäre absorbiert einen Teil der Lichtstrahlen eines fernen Gestirns. Die Abschwächung in Größenklassen nennt man Extinktion. Sie ist um so größer, je tiefer ein Gestirn am Horizont steht, je länger also der Lichtweg durch unsere Atmosphäre ist.

Exzentrizität (numerische)

einer Ellipse. Abstand eines Brennpunktes vom Mittelpunkt dividiert durch die → große Halbachse.

Farben-Helligkeits-Diagramm

→ Hertzsprung-Russell-Diagramm.

Farbindex

Differenz zwischen photographischer und → visueller Helligkeit eines Stern (oder Helligkeitsdifferenz in zwei anderen Farb- bzw. Wellenlängenbereichen). Ist von der Farbe des Sterns abhängig.

Fraunhofersche Linien

→ Absorptionslinien.

Frühlingspunkt

Schnittpunkt der Ekliptik mit dem Himmelsäquator, den die Sonne zur Zeit der Frühlings-Tagund-nachtgleiche durchschreitet.

Galaktische Länge und Breite

Koordinaten im galaktischen Koordinatensystem. Als Äquator dient das Band der Milchstraße.

Galaxis

Milchstraße.

Galaxien

Sammelbegriff für die fernen Milchstraßensysteme (z. B. Spiralnebel).Die meisten Galaxien sind Mitglieder von Galaxienhaufen.

Gauß

Maß für die magnetische Feldstärke. 1 Gauß entspricht der Feldstärke, die in der Umgebung eines Zuleitungsdrahtes zu einem elektrischen Gerät bei einer Stromstärke von etwa 2,5 Ampere in einem Abstand von etwa 5 mm von der Drahtmitte gemessen werden kann (nicht gesetzliche Einheit).

geozentrisch

Die Erde steht im Mittelpunkt.

Granulation

Gekörnte Struktur der Sonnenoberfläche. Muß auf ein ständiges „Brodeln" (Konvektion) der oberflächennahen Schichten zurückgeführt werden.

Gravitation

Schwerkraft.

Größenklasse

(Magnitudo, Abkürzung m). Helligkeitsangabe der Gestirne. Der Helligkeitsunterschied zwischen zwei Größenklassen beträgt 1 : 2.51. Mit freiem Auge sind unter günstigen Verhältnissen gerade noch Sterne der 6. Größenklasse (6^m) erkennbar. Je heller ein Gestirn, desto kleiner die Größenklassenzahl, z. B. Deneb $1^m.2$. Für sehr helle Gestirne werden negative Größenklassen eingeführt, z. B. Sirius – $1^m.5$.

Große Halbachse

einer Ellipse. Abstand eines Ellipsenscheitels vom Mittelpunkt der Ellipse. Bei einer Gestirnsbahn: Mittlerer Abstand des umkreisenden Himmelskörpers vom Zentralkörper.

heliozentrisch

Sonne steht im Mittelpunkt.

Hertzsprung-Russell-Diagramm

Diagramm, in dem die Farben (oder der Spektraltyp und die Temperatur) und die (absolute) Helligkeit zahlreicher Sterne in Beziehung zueinander gebracht werden.

Höhe

(Abkürzung h). Winkelabstand eines Sterns vom Horizont.

interplanetar

Zwischen den Planeten.

interstellar

Zwischen den Sternen.

interstellare Materie

Die gas- und staubförmige Materie zwischen den Sternen.

Ionisation

Verlust eines Atoms an Elektronen.

K

Abkürzung für „Kelvin" (engl. Physiker). Die Kelvinskala der Temperatur beginnt am absoluten Nullpunkt (−273.15°C). Um auf die Celsius-Skala umzurechnen, müssen also jeweils 273.15° abgezogen werden.

Knoten

Punkte, in denen sich die Bahnebenen zweier Himmelskörper schneiden (aufsteigender und absteigender Knoten, je nachdem, ob sich das Gestirn über die Bahnebene des anderen Himmelskörpers erhebt oder unter sie herabsteigt).

Konjunktion

(Gleichschein). Tritt ein, wenn zwei Gestirne auf der → Ekliptik dieselbe Länge haben.

Konstante
Unveränderliche Größe.

Kontinuum, kontinuierliches Spektrum
Ein → Spektrum, in dem alle Wellenlängen vertreten sind, das also ein lückenloses Farbband darstellt.

Konvergenzpunkt
z. B. bei Bewegungssternhaufen: Punkt an der Sphäre, auf den von der Erde aus gesehen die Mitglieder des Haufens infolge ihrer Raumbewegung zustreben.

Koordinaten
Bestimmungsstücke zur Festlegung eines Ortes an der → Sphäre.

Kosmogonie
Lehre von der Entstehung und Entwicklung der Himmelskörper und des Weltalls.

Kosmologie
Lehre vom Aufbau des Weltalls als Ganzes.

Kulmination
Höchste (obere K.) und tiefste (untere K.) Stellung eines Gestirns im → Meridian.

Länge
Winkelabstand eines Punktes auf der Ekliptik vom → Frühlingspunkt. Wird vom Frühlingspunkt aus nach Osten von 0° bis 360° gezählt.

Lichtjahr
Strecke, die ein Lichtstrahl in einem Jahr zurücklegt = 9.463 Billionen km.

Lichtkurve
Helligkeitsverlauf eines veränderlichen Sterns, Kometen oder dgl.

Meridian
Großkreis am Himmel, der durch Südpunkt, Zenit, Himmelsnordpol, Nordpunkt, Nadir und Himmelssüdpol verläuft.

Mikro (μ)
= 1 Millionstel

Milli (m)
= 1 Tausendstel

Nadir
Fußpunkt. Tiefster Punkt des Himmelsgewölbes. Gegensatz → Zenit.

Nano (n)
= 1 Milliardstel

Opposition
Gegenüberstellung zweier Gestirne am Himmel. Längenunterschied auf der Ekliptik 180°.

Parallaxe
Winkel, unter dem eine Strecke von einer bestimmten Entfernung aus erscheint. Z. B. Fixsternparallaxe: Winkel, unter dem der Erdbahnhalbmesser von einem bestimmten Fixstern aus erscheint.

Parsec
(Parallaxensekunde). Entfernung, von der aus gesehen der Erdbahnhalbmesser gerade 1 Bogensekunde beträgt. 1 Parsec = 3.26 Lichtjahre.

Periastron
Bei Doppelsternbahnen: Punkt in der Bahn des Begleiters, in dem dieser dem Hauptstern am nächsten steht.

Perigäum
Erdnächster Punkt der Bahn des Mondes oder eines künstlichen Satelliten. Gegensatz → Apogäum.

Perihel
Sonnennächster Punkt einer Planetenbahn. Gegensatz → Aphel.

Planeten, innere (äußere)
Planeten, die sich innerhalb (außerhalb) des Gürtels der Kleinplaneten um die Sonne bewegen.

Planeten, untere (obere)
Planeten, die sich innerhalb (außerhalb) der Erdbahn um die Sonne bewegen.

Platonisches Jahr
Zeitdauer, während der die Erdachse infolge der → Präzession einen Umschwung um die Senkrechte auf der Erdbahnebene ausführt.

Polhöhe
Höhe des Himmelspols über dem Horizont. Ist gleich der geographischen Breite des Beobachtungsortes.

Positionswinkel
s. Erläuterungen zum Abschnitt „Die Sternbilder und ihre Objekte".

Präzession
Drehung der Erdachse um die Senkrechte auf der Erdbahnebene.

Protuberanzen
Über der Sonnenoberfläche schwebende oder auf- und absteigende Gaswolken.

Pulsar
Schnell rotierender Neutronenstern, von dem wir im Rhythmus der Rotationsperiode Radioimpulse (aber auch Impulse auf anderen Wellenlängen) empfangen.

Quadratur
Tritt ein, wenn der Längenunterschied zweier Gestirne 90° beträgt.

Quasar
(quasistellare Radioquelle). Vermutlich aktive Kerne (junger?) weit entfernter Galaxien.

Radialgeschwindigkeit
Geschwindigkeit eines Sterns entlang der Blickrichtung. Ein + bedeutet Abstandsvergößerung, ein − bedeutet Abstandsverringerung.

Radiogalaxie
Galaxie mit aktivem Kern.

Reflektor
Spiegelteleskop.

Reflexion
Rückstrahlung des Lichtes und anderer Wellenstrahlungen.

Refraktion
Ein Lichtstrahl erfährt bei seinem Weg durch die Erdatmosphäre eine Ablenkung aus der ursprünglichen Richtung. Ein Gestirn scheint daher höher über dem Horizont zu stehen, als dies tatsächlich der Fall ist. Diese scheinbare Hebung der Gestirnshöhe nennt man Refraktion. Sie ist vor allem abhängig von der Höhe des Gestirns, vom Luftdruck und der Temperatur.

Refraktor
Linsenfernrohr

Rektaszension
(Abkürzung α oder A. R.). Winkelabstand eines Punktes auf dem Himmelsäquator vom → Frühlingspunkt. Wird vom Frühlingspunkt nach Osten von 0^h bis 24^h (gelegentlich auch von 0° bis 360°) gezählt.

Schwarzer Körper (Strahler)
Ein gedachter Körper, der alle auffallende Strahlung vollständig absorbiert, also vollkommen schwarz

ist. Er wird am besten durch die kleine Öffnung eines geschlossenen, lichtdichten Kastens dargestellt, dessen Seitenwände Strahlung vollkommen absorbieren. Die Strahlung eines derartigen schwarzen Körpers (Hohlraumstrahlung) folgt dem idealen Planckschen Strahlungsgesetz, das für jede Körpertemperatur und jede Wellenlänge die ausgestrahlte Strahlungsenergie wiedergibt.

Schwarzes Loch
Kompaktes Objekt, an dessen Oberfläche eine so hohe Schwerebeschleunigung herrscht, daß keine Strahlung nach außen dringen kann.

Seyfert-Galaxie
Eine im Kern aktive Galaxie, ähnlich → Quasar („Mini-Quasar").

Solarkonstante
Sonnenenergie, die auf 1 cm² im Abstand Erde – Sonne in 1 Minute bei senkrechtem Sonnenstand auftrifft. Wird meist wegen der Absorption der Erdatmosphäre auf die Verhältnisse außerhalb der Erdatmosphäre umgerechnet.

Sonnenkorona
Äußere Umhüllung der Sonnenkugel, nur bei totalen Sonnenfinsternissen sichtbar (abgesehen von Bergobservatorien mit Hilfe besonderer Instrumente, den sog. Koronographen, und von Satelliten aus).

Spektrallinien
→ Absorptions- und Emissionslinien.

Spektrum
Farbenband, das beim Durchgang von Licht durch ein Prisma oder ein Beugungsgitter entsteht. Im erweiterten Sinne spricht man auch von einem Spektrum im Gebiet der Röntgenstrahlen, Radiowellen usw.

Sphäre
Himmelskugel.

Sternzeit
Zeitspanne, welche seit dem letzten Meridiandurchgang des → Frühlingspunktes verstrichen ist.

Strahlungsdruck
Druck, den Strahlung auf kleine feste Teilchen ausübt.

Stundenwinkel
Winkelabstand eines Sterns vom Meridian im Süden. Oder Zeitspanne, welche seit dem letzten Meridiandurchgang eines Sterns verstrichen ist.

Tagbogen
Kreisbogen, den ein Himmelskörper über dem Horizont beschreibt.

Tierkreis
Gürtel von 12 Sternbildern längs der → Ekliptik.

visuelle Beobachtung
Beobachtung mit dem menschlichen Auge mit oder ohne Fernrohr im Gegensatz zu photographischer Beobachtung.

Weltzeit
Greenwicher oder westeuropäische Zeit. Abkürzung WZ oder UT (Universal Time).

Zeemaneffekt
Aufspaltung von Spektrallinien im Magnetfeld.

Zeitgleichung
Unterschied zwischen wahrer und mittlerer Sonnenzeit.

Zenit
Scheitelpunkt. Höchster Punkt des Himmelsgewölbes. Gegensatz → Nadir.

Zenitdistanz

Winkelabstand eines Gestirns vom → Zenit.

Zirkumpolarsterne

Sterne, die so nahe am Himmelspol stehen, daß sie sich stets über dem Horizont befinden.

Zodiakallicht

Pyramidenförmiger Lichtschein, der in unseren geographischen Breiten im Frühling nach Sonnenuntergang im Westen oder im Herbst vor Sonnenaufgang im Osten sichtbar ist. Erstreckt sich dem Zodiakus → Tierkreis entlang. Ist vor allem staubförmiger Materie im Planetensystem zuzuschreiben.

Zodiakus

→ Tierkreis.

CHRONOLOGISCHE ÜBERSICHT

540 v. Chr. Pythagoras behauptet vermutlich, die Erde sei eine Kugel.

450 v. Chr. Philolaus führt die Besonderheiten der Planetenbewegung auf eine Bewegung der Erde zurück.

270 v. Chr. Aristarch verkündet ein heliozentrisches Weltsystem.

130 v. Chr. Hipparch entdeckt die Präzession.

150 n. Chr. Ptolemäus führt die griechische Astronomie auf ihren Höhepunkt: Geozentrisches Weltsystem, Epizykelbewegung der Planeten.

1543 Das Hauptwerk des Nikolaus Kopernikus „Über die Umdrehungen der Himmelskörper" erscheint.

1576 Tycho Brahe beginnt seine Beobachtungen auf „Uranienburg".

1582 Gregorianische Kalenderreform.

1602 Galilei entdeckt die Fallgesetze.

1608 Lipperhey (?) erfindet das Fernrohr.

1609 Kepler entdeckt die ersten beiden Gesetze der Planetenbewegung.

1610 Erste Fernrohrbeobachtungen durch Galilei, Scheiner, Marius, Fabricius u. a.

1619 Kepler findet das dritte Gesetz der Planetenbewegung.

1656 Huygens entdeckt den Saturnring.

1676 Römer entdeckt die Endlichkeit der Lichtgeschwindigkeit.

1687 Die „Principia mathematica" von Isaak Newton erscheinen (Gravitationsgesetz).

1728 Bradley entdeckt die Aberration des Lichtes.

1781 Herschel entdeckt den Planeten Uranus.

1783 Herschel findet den Sonnenapex.

1801 Piazzi entdeckt den ersten Kleinplaneten, die Ceres.

1802 Wallaston findet im Sonnenspektrum dunkle Linien.

1814 Fraunhofer zählt im Sonnenspektrum viele Hunderte von dunklen Linien und gibt ihnen zum Teil Benennungen.

1838 Bessel findet die erste Fixsternparallaxe (61 Cygni).

1842 Doppler entdeckt den nach ihm benannten Effekt der Linienverschiebungen im Spektrum.

1843 Schwabe entdeckt die 11jährige Sonnenfleckenperiode.

1846 Der Planet Neptun wird entdeckt (Leverrier und Adams Berechnung, Galle Beobachtung).

1851 Foucault unternimmt seinen berühmten Pendelversuch.

1859 Kirchhoff und Bunsen begründen die Spektralanalyse.

1877 Schiaparelli entdeckt die „Marskanäle". Hall findet die Marsmonde.

1900 Planck stellt die Grundlagen zur Quantentheorie auf.

1905/1913 Hertzsprung und Russell stellen das nach ihnen benannte Farben-Helligkeits-Diagramm auf.

1905 Einstein veröffentlicht seine spezielle Relativitätstheorie.

1908 Hale entdeckt die mit den Sonnenflecken verbundenen Magnetfelder.

1912 Leavitt findet die Beziehung zwischen Periode und Leuchtkraft bei den Cepheiden.

1916 Einstein veröffentlicht seine allgemeine Relativitätstheorie.

1924 Eddington findet die Beziehung zwischen Masse und Leuchtkraft bei den Sternen. Hubble löst einige Spiralnebel in einzelne Sterne auf.

1928 Oort ermittelt auf spektroskopischem Wege die Rotation des Milchstraßensystems.

1931 Jansky entdeckt das „kosmische Rauschen", die Radiostrahlung von der Milchstraße.

1942 Die Radiostrahlung der Sonne wird nachgewiesen.

1947 Der 5-m-Spiegel auf Mt. Palomar wird in Betrieb genommen.
1952 Baade verdoppelt die bisherige Entfernungsskala der Galaxien.
1957 Erster künstlicher Satellit umkreist unsere Erde.
1959 Erste künstliche Planeten umkreisen die Sonne. Erste Aufnahmen der Rückseite des Mondes.
1961 Erster bemannter Erdsatellit (Gagarin, Shepard, Titow).
1963 Entdeckung der starken Rotverschiebung im Spektrum der Quasare.
1964 Entdeckung der kosmischen Röntgenstrahlung.
1965 Entdeckung der kosmischen Hintergrundstrahlung. (Hinweis auf „Urknall" des Weltalls).
1968 Entdeckung der ersten Pulsare.
1969 Bemannte Landung auf dem Mond.
1971 Entdeckung der Röntgenpulsare.
1977 Wahrscheinliche Entdeckung des ersten schwarzen Lochs (Cygnus X-1).
     Entdeckung des Uranusringes.
1979 Entdeckung des Jupiterringes.